国家"双高"建设项目系列教材
全国测绘地理信息职业教育新形态教材

Python程序设计教程

主　编　陈克海　陈蔚珊
副主编　朱　腾　罗　靓　周志刚

WUHAN UNIVERSITY PRESS
武汉大学出版社

图书在版编目(CIP)数据

Python 程序设计教程 / 陈克海, 陈蔚珊主编. --武汉 : 武汉大学出版社, 2024. 8. --国家“双高”建设项目系列教材 全国测绘地理信息职业教育新形态教材. --ISBN 978-7-307-24458-0

Ⅰ. TP311.561

中国国家版本馆 CIP 数据核字第 2024V895M8 号

责任编辑:史永霞 责任校对:汪欣怡 版式设计:马 佳

出版发行:**武汉大学出版社** (430072 武昌 珞珈山)

(电子邮箱:cbs22@ whu.edu.cn 网址:www.wdp.com.cn)

印刷:武汉乐生印刷有限公司

开本:787×1092 1/16 印张:17 字数:410 千字

版次:2024 年 8 月第 1 版 2024 年 8 月第 1 次印刷

ISBN 978-7-307-24458-0 定价:49.00 元

PREFACE 前言

Python语言是一款用于数据统计、分析、可视化等任务，以及机器学习、人工智能等领域的高效开发语言。随着大数据时代的来临，数据挖掘将更加广泛地渗透到测绘地理信息技术专业，这也是大数据时代下的必然趋势。

通过本书的学习，学生将逐步掌握结构化、面向对象程序设计的思想和方法，具有分析问题和解决问题的能力，能够使用Python编写应用程序解决实际问题，从而养成细致缜密的工作习惯和团结协作的良好品质。

本书由陈克海、陈蔚珊（广州番禺职业技术学院），朱腾、罗靓、周志刚（广东龙泉科技有限公司）等人共同编写，全书由陈克海统稿，陈蔚珊校验。具体分工如下：陈克海负责项目1、项目2和项目4的编写，陈蔚珊和周志刚负责项目3的编写，罗靓负责项目5的编写，朱腾负责项目6和项目7的编写。

在本书编写过程中，我们广泛参阅并引用有关文献资料，同时得到了诸多老师的帮助，在此表示衷心感谢。

为了帮助读者更好地学习教材内容，本书提供配套数字教学资料，如有需要，可以打开“Python语言程序设计mooc”链接https://mooc.icve.com.cn/cms/courseDetails/index.htm?classId=ede06e42f284492c842e30220e28443a或扫描下面二维码免费获取（需先注册账户）。

由于编者水平有限，书中难免有不足之处，欢迎广大专家和读者朋友们提出宝贵意见，我们将不胜感激。

编者

2024年6月

CONTENTS 目录

项目 1 搭建开发环境

项目描述

本项目将详细介绍 Python 语言的诞生和发展、语言特点和应用领域，安装 Python 解释器和 PyCharm 集成开发环境，并且创建第一个应用程序。

学习目标

(1)了解 Python 语言的诞生和发展历史、语言特点和应用领域，激发对 Python 语言的学习兴趣。
(2)了解 Python 各种版本的区别，并且根据需要选择相应版本的 Python。
(3)能够独立下载并安装 Python 解释器。
(4)能够独立下载并安装 PyCharm 软件，并进行环境设置，熟悉 PyCharm 界面。
(5)掌握 Python 程序开发基本流程，会开发简单的 Python 程序。

素质目标

(1)保护知识产权，促进信息传播。
(2)树立终身学习理念，培养团队合作精神。

任务1.1 认识Python语言

任务描述

Python语言是一种新型的编程语言。经过短短20多年的发展，Python学习成为一种潮流，各行各业都在学习和使用Python。在Python开发领域中，流传着这么一句话：人生苦短，我用Python。这句话出自Bruce Eckel，原文是：Life is short，you need Python。使用过Python的程序员，尤其是从别的语言（比如C、Java等）转换到Python的程序员，或许对这句话的理解更加深刻。这句话隐含的意思是，Python容易学，开发者通过简单学习，就可以从事复杂的程序开发。对于开发者而言，学Python省时、高效。这也是我们目前大部分高校开设Python课程的主要原因之一。在开始学习Python程序开发之前，我们必须先了解什么是Python语言。

任务分析

在学习Python之前，我们应该深入了解Python语言，主要包括三个方面：

（1）了解Python语言的诞生和发展历史。

（2）了解Python的特点，包括优点和缺点。

（3）了解Python的主要应用领域。

1.1.1 Python语言介绍

Python语言是一种解释型、面向对象、动态数据类型的高级程序设计语言，具体介绍如下：

（1）Python是一种解释型语言。目前计算机语言可分为编译型语言和解释型语言。编译型语言，包括C、C++、Pascal等语言，在执行前，需要将源代码编译成二进制的目标代码，然后再执行。而解释型语言，包括Python、JavaScript、Ruby、PHP、Perl、Erlang等语言，不需要编译成二进制代码，只需要经过解释器变成字节码，就可以直接在虚拟机上运行。可见，解释型语言的运行流程比较简单，而且可以逐行解释后执行，运行速度快。

（2）Python语言支持面向对象技术。面向对象编程（OOP）是一种程序设计思想，它将计算机程序视为一组对象，使每个对象都可以接收信息、处理数据和与其他对象进行交互。在面向对象编程中，使用类和对象的概念，可以使程序员把程序分解为独立的模块，每个模块都可以独立地完成功能，从而提高编程的可读性和可维护性。同时，面向对象编程技术可以帮助程序员更好地实现代码的重用，使程序变得更加可扩展，同时也可以有效地管理复杂的程序，减少代码之间的耦合度。

（3）Python语言支持动态数据类型。一般程序语言，在使用变量之前，必须先声明数据类型，并且在使用过程中，该变量只能被赋值为该数据类型的数据，一旦被赋值为其他数据类型的数据,则报错误。而 Python 语言的变量在使用前不需要指定数据类型,它能够被赋值为任意数据类型的数据,这使得 Python 变量具有较大的灵活性,可以根据需要改变它的数据类型。这一点,在函数声明时显得更加重要。Python 语言函数定义时并没有指定输入参数的类型,这样写出来的函数,允许接受任意输入,从而简化了很多操作,这使得 Python 变量具有较大的灵活性和机动性。

1.1.2　Python 语言诞生及发展

Python 的中文意思是蟒蛇,那么 Python 语言跟蟒蛇是不是有关系呢? Python 的创始人为荷兰国家数学和计算机科学研究院吉多·范罗苏姆(Guido van Rossum)。1989 年圣诞节期间,Guido 为了打发圣诞节的无趣,决心开发一个新的脚本解释程序。因为 Guido 比较喜欢喜剧《蒙提·派森的飞行马戏团》(*Monty Python's Flying Circus*),所以将该新编程语言命名为 Python。

Python 源于 ABC。ABC 是由 Guido 参加设计的一种教学语言。就 Guido 本人看来,ABC 这种语言非常优美和强大,是专门为非专业程序员设计的。但是 ABC 语言并没有成功,究其原因,Guido 认为是其非开放造成的。Guido 决心在 Python 中避免这一错误。同时,他还想实现在 ABC 中闪现过但未曾实现的东西。就这样,Python 在 Guido 手中诞生了。可以说,Python 从 ABC 发展起来,受到了 Modula-3(另一种相当优美且强大的语言,为小型团体所设计的)的影响,并且结合了 UNIX Shell 和 C 的习惯。

自从 2004 年以来,Python 的使用率呈线性增长。Python 已经成为非常受欢迎的程序设计语言。图 1-1 为 2024 年 6 月各主流编程语言的 TIOBE 排行榜。TIOBE 排行榜是根据互联网上有经验的程序员、课程和第三方厂商的数量,并使用搜索引擎以及大的交流平台统计出的排名数据,具有一定的代表性。从 Python 在该排行榜的表现来看,Python 语言排名上升很快,在 2015 年左右基本在前 5 名,到 2021 年、2022 年上升为第一名,之后保持。因此,Python 于 2021 年和 2022 年两度被 TIOBE 排行榜评为“年度编程语言”。2024 年 6 月的使用比例达到 15.39%,而且使用人数还在快速增加。可以想象,未来,Python 编程语言有更广阔的应用前景。正如 Python 语言的命名那样,Python 语言像飞行马戏团一样天马行空地发展,迅速进入各个计算机领域。

Jun 2024	Jun 2023	Change	Programming Language	Ratings	Change
1	1		Python	15.39%	+2.93%
2	3	^	C++	10.03%	-1.33%
3	2	˅	C	9.23%	-3.14%
4	4		Java	8.40%	-2.88%
5	5		C#	6.65%	-0.06%
6	7	^	JavaScript	3.32%	+0.51%
7	14	⇈	Go	1.93%	+0.93%
8	9	^	SQL	1.75%	+0.28%
9	6	˅	Visual Basic	1.66%	-1.67%
10	15	⇈	Fortran	1.53%	+0.53%

图 1-1　TIOBE INDEX:编程语言流行程度排行榜(2024 年 6 月)

Python 目前有两大主流的版本，分别为 2. x 版本和 3. x 版本。第一个 2. x 版本是在 2000 年 10 月正式对外发行，而在 2008 年 12 月正式发布第一个 3. x 版本。目前的 2. x 版本和 3. x 版本都在正常运行，但 Python 官方已经宣称不会再更新 2. x 版本了，并在全力推行 3. x 版本。随着时间的推移，Python 3. x 必将取代 2. x 版本。目前，对于初学者而言，我们建议选择 Python 3. x 版本。Python 3. x 不断更新，各个版本差异不大，我们可任选一个 3. x 版本。

1.1.3 Python 语言特点

1. Python 的优点

(1)语法结构优雅、简单、明确，容易学。Python 代码编写比较实在，直截了当，没有那么花哨。其语法结构比较简单明了，学起来比较容易。比如，对于变量的赋值和使用，Python 比其他语言简单很多。比如，要输出“Hello World!”，在 C 语言中，代码如下：

```
#include<stdio.h>
void main()
{
    printf("Hello World!")
}
```

但是，在 Python 语言中只需要使用以下一行语句就可以实现相同的功能：

```
print("Hello World!")
```

相比而言，Python 简洁易学。当然，Python 有自己固定的语法，包括代码注释、缩进规则等。但总体而言，相对于其他主流编程语言，Python 还是比较简单明了的，我们不用把太多的精力放在程序功能的实现上。

(2)具有非常强大的标准库和第三方库。Python 最大的优势之一是具有强大的标准库，能够支持系统管理、网络通信、文本处理、数据库接口、图形系统、XML 处理等常见功能。Python 标准库命名接口清晰、文档良好，很容易学习和使用。Python 社区还提供了大量的第三方模块，使用方式与标准库类似。它们的功能无所不包，覆盖科学计算、Web 开发、数据库接口、图形系统等多个领域，并且大多成熟而稳定。所以，很多人把 Python 称为“调包侠”。

(3)具有良好的可编程扩展性，可与其他语言联合开发。

Python 可以与其他语言混合编程，充分发挥各编程语言的优点。比如，如果我们需要一段运行很快的关键代码，或者我们要编写一些不愿意对外开放的算法程序，可以先使用 C/C++语言完成这一部分的程序开发，然后使用 Python 程序来调用。另外，Python 也提供能够与主流数据库对接的一些接口，使用起来比较方便。

(4)坚持免费和开源，在共享中不断发展。从 Python 诞生的那一天起，一直坚持的原则就是免费和开源。Python 是自由开放源代码软件之一，简单来说，用户可以自由地发布 Python 软件的副本，查看和更改其源代码，并且在新的免费程序中使用它。我们在

Python官网当中,可以下载自它诞生以来所发布过的所有版本,而且在使用的过程中都是免费的。

2. Python的缺点

(1)运行速度慢。这是所有解释型语言的通病,Python也不例外,远远慢于C/C++等其他编译型语言。Python速度慢不仅仅是因为一边运行一边“翻译”源代码,还因为Python是高级语言,屏蔽了很多底层细节。这个代价也是很大的,Python要多做很多工作,有些工作很消耗资源,比如管理内存。好在现在计算机的硬件速度越来越快,可以通过硬件性能的提升弥补软件性能的不足。另外,Python的慢是相对其他语言而言的,如果没有涉及海量数据处理,Python的处理速度不慢,不会让人觉得卡顿。

(2)代码加密难度大。Python代码本身就开源,开源自然意味着不能加密。因此,难以对单纯的Python代码进行加密。但如果不想让一些核心代码对外开放,可以采取其他方法进行加密,比如利用其他语言来开发这部分程序,然后在Python中调用,这样可以利用其他语言的可加密来弥补Python的不可加密。

1.1.4 Python应用领域

Python在各个领域都得到较好的应用,现在介绍几个常见的应用领域。

(1)用户界面编程。可以开发成单机版界面程序,也可以开发成网络版界面程序。

(2)Web服务。Python可以进行快速的Web开发,Django、Flask等都是知名的Python Web框架,能够充分利用Python的特性进行高效的Web开发。可以开发一些组件并放在服务器,供网络用户调用。

(3)数据库访问。Python支持多种类型的数据库,包括关系型数据库和非关系型数据库。其中,支持的关系型数据库包括MySQL、SQLite、PostgreSQL等,支持的非关系型数据库包括MongoDB、Redis、Cassandra等。利用简单代码就可以实现应用程序与数据库的交互。

(4)科学计算。对于常见的数学算法、智能算法,Python都有相应的模块可供调用。比如,方程求解、矩阵运算、插值算法、数据拟合、人工神经网络、遗传算法等,只要是人们能想得到的计算方法,基本上都有相应的Python代码库。专用的科学计算扩展库包括NumPy、SciPy等,智能算法扩展库有Google的TensorFlow、Facebook的PyTorch和开源社区的神经网络库Karas等。

(5)数据可视化。Python支持图像显示,能轻松绘制各种常见的平面图和立体图,比如曲线图、散点图、饼图、矢量图、等高线、渲染图、世界地图等。其中,常用模块有Matplotlib,如果涉及地图绘制,可以使用Basemap。

(6)网络爬虫。互联网的信息非常海量,如何快速获取有用的公开信息至关重要。在这方面,爬虫就派上了用场。而Python语言非常善于编写爬虫,利用requests库抓取网页数据,使用BeautifulSoup解析网页并组织数据,就可以快速精准获取数据。

(7)办公自动化。Python办公自动化主要是批量化、自动化、定制化解决数据问题,主要包括自动化 Office、自动化机器人和自动化数据服务。其中：自动化 Office 主要包括对 Excel、Word、Email、PDF 等常用办公场景的操作，对于它们 Python 都有相应的模块可以调用；自动化机器人通常用于提供常规且高频的服务，比如微信客服、自动交易系统、实时信息抓取等；自动化数据服务主要提供流式数据服务，从数据获取、处理、建模、可视化，到最终生成数据报告。

(8)游戏开发。Python 开发游戏主要用于编写启动场景、人物交互和游戏事件的脚本。一些开发者甚至设法将其改编为图形界面。Python 提供了一个名为 pygame 的模块，用于开发游戏。pygame 是一个用于设计视频游戏的跨平台库，它包括计算机图形和声音库，为用户提供标准的游戏体验。可以使用 pygame 库来制作具有吸引人的图形、合适的动画和声音的游戏。

小结

本任务主要学习了以下内容：

(1)Python 的诞生和发展。Python 命名来源于开发者喜爱的马戏团名字，经过二十几年的发展，目前 Python 已经连续多年被评为年度编程语言，具有广阔的应用前景。

(2)Python 的语言特点。Python 具有简单优雅、拥有强大的 Python 库、良好的可拓展性、开源开放等优点。其缺点是运行速度相对慢，保密性差。

(3)Python 的应用领域。Python 在用户界面编程、Web 服务、数据库访问、科学计算、数据可视化、网络爬虫、办公自动化、游戏开发等方面有广泛的应用。随着越来越多的人使用 Python，Python 的应用领域必然将越来越多。

习题

一、选择题

1. Python 语言属于(　　)。

A. 机器语言　B. 汇编语言　C. 高级语言　D. 科学计算语言

2. 下列选项中，不属于 Python 特点的是(　　)。

A. 面向对象　B. 运行效率高　C. 可读性好　D. 开源

3. 关于 Python 语言的特点，以下选项中描述错误的是(　　)。

A. Python 语言是非开源语言　B. Python 语言是跨平台语言

C. Python 语言是多模型语言　D. Python 语言是脚本语言

4. 以下叙述中正确的是(　　)。

A. Python 3. x 与 Python 2. x 兼容

B. Python 语句只能以程序方式执行

C. Python 是解释型语言

D. Python 语言出现得晚，具有其他高级语言的一切优点

5. 关于 Python 语言的特点，说法错误的是(　　)。

A. Python 代表了简单思想的语言，语法简单，容易上手

B. Python 具有强大的标准库、完善的基础代码库。这些库覆盖了网络通信、文本处理、数据库接口、图形系统、XML 处理等大量的内容

C. Python 具有良好的可扩展性，有大量的第三方模块和它进行对接，而且覆盖的领域也非常众多

D. Python 语言是免费开源的，但是无法移植到其他语言中

二、判断题

1. Python 3. x 和 Python 2. x 唯一的区别就是：print 在 Python 2. x 中是输出语句，而在 Python 3. x 中是输出函数。（　　）

2. Python 3. x 完全兼容 Python 2. x。（　　）

3. Python 是一种跨平台、开源、免费的高级动态编程语言。（　　）

4. 在 Windows 平台上编写的 Python 程序无法在 UNIX 平台上运行。（　　）

5. 不可以在同一台计算机上安装多个 Python 版本。（　　）

三、简述题

1. 简述 Python 语言特点。

2. 简述 Python 的主要应用领域。

任务 1.2　安装 Python

任务描述

工欲善其事，必先利其器。要学好 Python 编程，首先要安装 Python 解释器。本任务是下载和安装 Python 3. x 解释器。

任务分析

(1)下载和安装 Python。

(2)测试是否安装成功。

(3)运行 Python 解释器和 IDLE。

1.2.1　下载并安装 Python

Python 是开源免费的，可直接在 Python 官网（https://www.python.org）上下载 Python 的各个版本。

登录 Python 官网后，在菜单中单击“Downloads”。下拉菜单提供 Python 多种下载方式，右侧为 Windows 打开网页时的最新版本，单击下载则可。（见图 1-2）

如果要下载旧版本，单击下面蓝色链接“View the full list of downloads”，进入所有版本下载网页后，找到要下载的版本。关于下载版本的选择，建议选择 Python 3. x 版本。Python 3. x 最新各子版本差别不大，但是考虑到与其他软件的兼容性，建议不要选择太旧

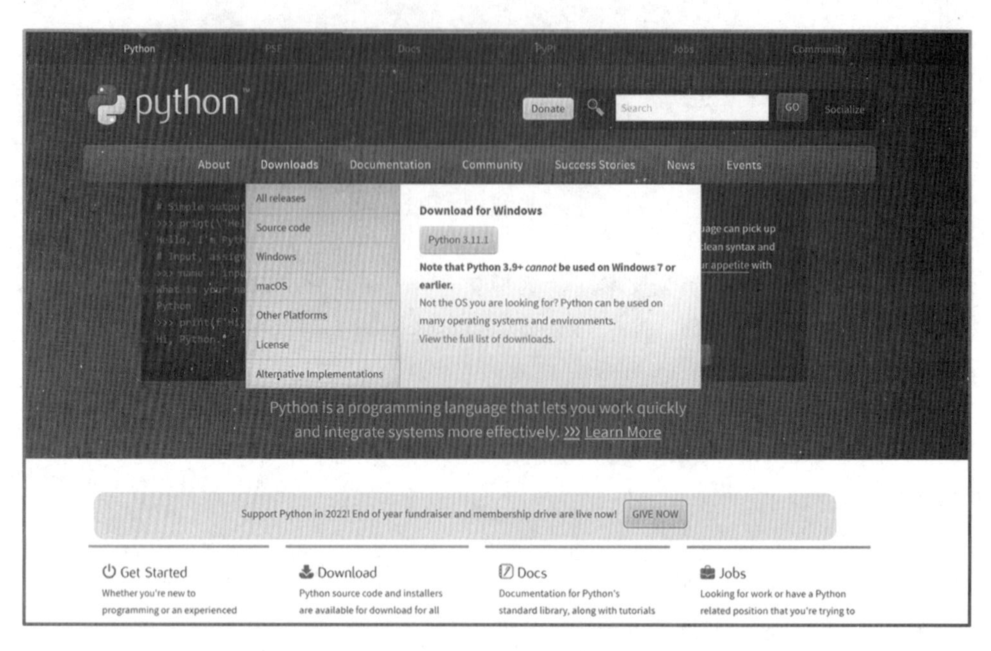

图 1-2　Python 官网界面

的版本,也不要选择太新的版本,可选择近一两年来比较成熟的版本。

每个版本都提供多种安装模式,比如 Windows embedable package 和 Windows installer,如图 1-3 所示。其中,embedable package 为嵌入式安装包,安装稍微复杂一点,而 installer 可以像一般应用程序一样单击安装则可。建议选择"Windows installer(64-bit)"。如果计算机系统是 32 位的,则选择"Windows installer(32-bit)"。

Stable Releases

- Python 3.11.1 - Dec. 6, 2022

  Note that Python 3.11.1 *cannot* be used on Windows 7 or earlier.

  - Download Windows embeddable package (32-bit)
  - Download Windows embeddable package (64-bit)
  - Download Windows embeddable package (ARM64)
  - Download Windows installer (32-bit)
  - Download Windows installer (64-bit)
  - Download Windows installer (ARM64)

图 1-3　Python 官网下载版本示例

下载后,解压,以管理员的身份运行里面的安装程序,会弹出一个安装向导窗口。勾选"Add python. exe to PATH",然后单击"Customize installation",开始个性化安装。(见图 1-4)

个性化安装界面上提供多种安装选项,如图 1-5 所示。

图 1-4　Python 安装启动界面

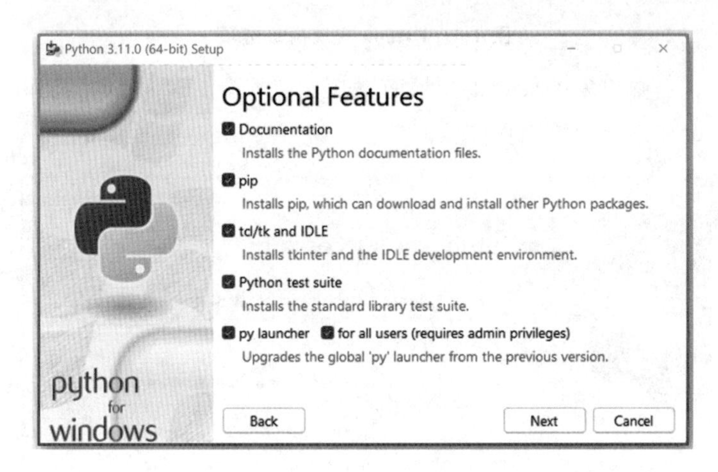

图 1-5　Python 安装组件选择

(1)Documentation：帮助文档。

(2)pip：Python 包管理工具，安装和卸载第三方组件就需要用到它。

(3)td/tk and IDLE：添加 Python 界面设计功能，并安装集成开发环境 IDLE。

(4)Python test suite：Python 测试包。

(5)py launcher：Python 启动器，可帮助我们定位和执行不同的 Python 版本。

对于以上各项，保持默认设置，确保“pip”和“td/tk and IDLE”选择上。设置后，单击“Next”进入下一个环节。

图 1-6 所示是一些高级选项，用户可根据需要选择。其中，第 4 项是“Add Python to environment variables”，意思是将 Python 添加到系统变量中去。系统变量是 Windows 系统对外程序的一个接口，将可执行程序所在目录添加进去，相当于 Windows 将该程序注册了，这样 Windows 内部程序可以使用该程序。在 Python 安装和后续学习中，需要使用 Windows 的命令提示符窗口，在其中测试并执行 Python 程序。因此，建议大家一定要选上第 4 项。在该界面，用户还可以单击“Browse”按钮，设置 Python 的安装路径。单击

"Install"就可以开始安装。

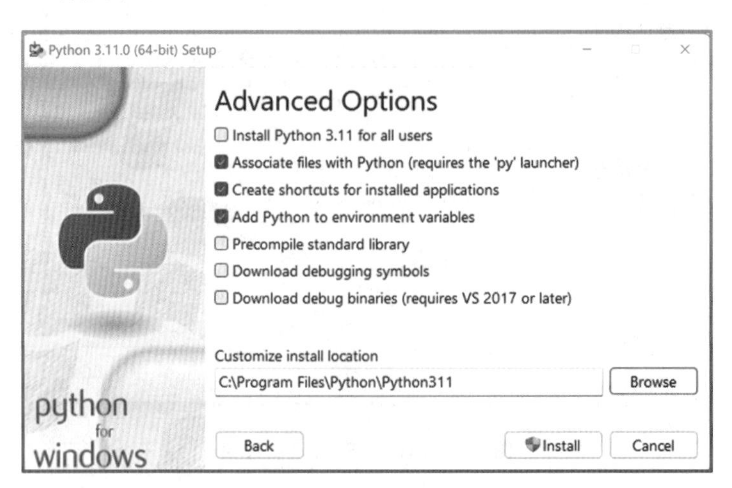

图 1-6 Python 安装高级选项

安装完毕后，会弹出安装成功提醒界面，如图 1-7 所示。单击"Close"可以关闭安装窗口。至此，Python 程序安装完毕。

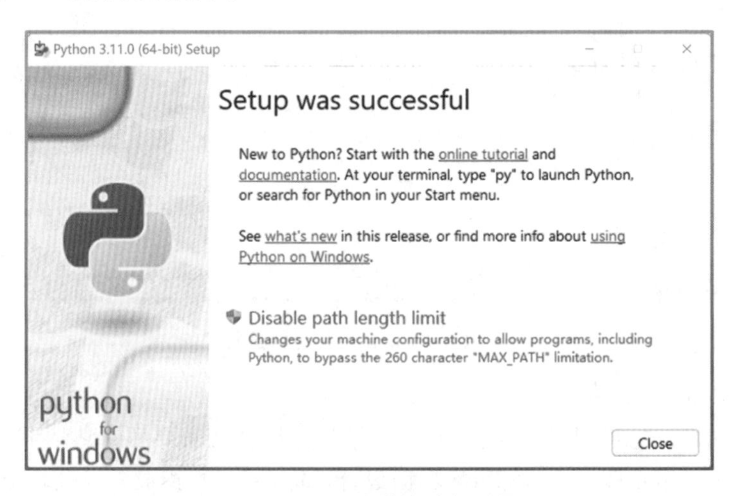

图 1-7 Python 安装成功提醒界面

1.2.2 测试安装是否成功

在"开始"菜单中，打开命令提示符(cmd)，输入"python"。如能显示图 1-8，说明安装成功。

如在 cmd 中输入"python"后显示找不到 Python，说明在安装时没有设置好 Windows 环境变量 Path。

处理方法：桌面上我的电脑→属性→高级系统设置→系统环境变量 Path，将 Python 安装目录添加到 Path 中。(见图 1-9 和图 1-10)

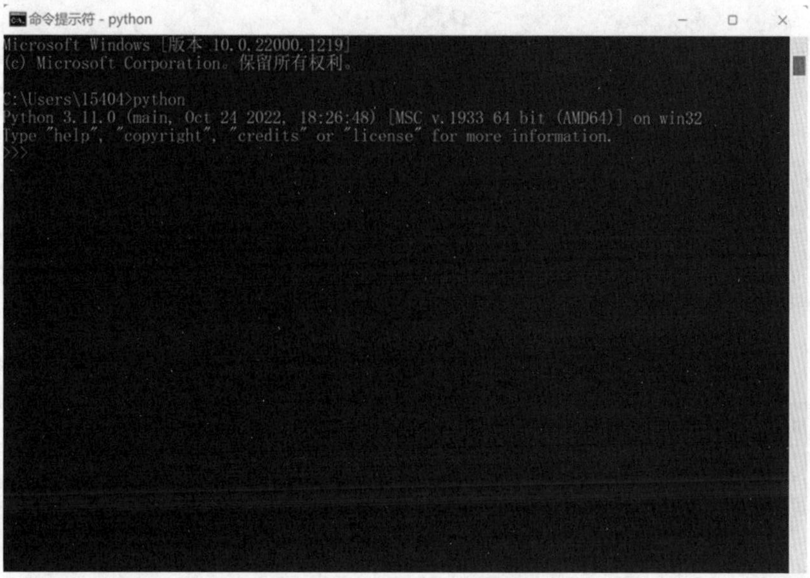

命令提示符 - python
Microsoft Windows [版本 10.0.22000.1219]
(c) Microsoft Corporation。保留所有权利。
C:\Users\15404>python
Python 3.11.0 (main, Oct 24 2022, 18:26:48) [MSC v.1933 64 bit (AMD64)] on win32
Type "help", "copyright", "credits" or "license" for more information.
>>>

图 1-8　命令提示符(安装成功)

环境变量
15404 的用户变量(U)
变量
值
OneDrive
C:\Users\15404\OneDrive
OneDriveConsumer
C:\Users\15404\OneDrive
Path
C:\Python\Python39\Scripts\;C:\Python\Python39\;C:\Programs\Pyth...
PyCharm Community Edition
d:\Program Files\JetBrains\PyCharm Community Edition 2020.1.1\bin;
TEMP
C:\Users\15404\AppData\Local\Temp
TMP
C:\Users\15404\AppData\Local\Temp
新建(N)...
编辑(E)...
删除(D)
系统变量(S)
变量
值
OS
Windows_NT
Path
C:\Python\Python39;C:\Anaconda3\Library\mingw-w64\bin;C:\An...
PATHEXT
.COM;.EXE;.BAT;.CMD;.VBS;.VBE;.JS;.JSE;.WSF;.WSH;.MSC
PROCESSOR_ARCHITECTURE
AMD64
PROCESSOR_IDENTIFIER
Intel64 Family 6 Model 142 Stepping 12, GenuineIntel
PROCESSOR_LEVEL
6
PROCESSOR_REVISION
8e0c
PSModulePath
%ProgramFiles%\WindowsPowerShell\Modules;C:\WINDOWS\sys...
新建(W)...
编辑(I)...
删除(L)
确定
取消

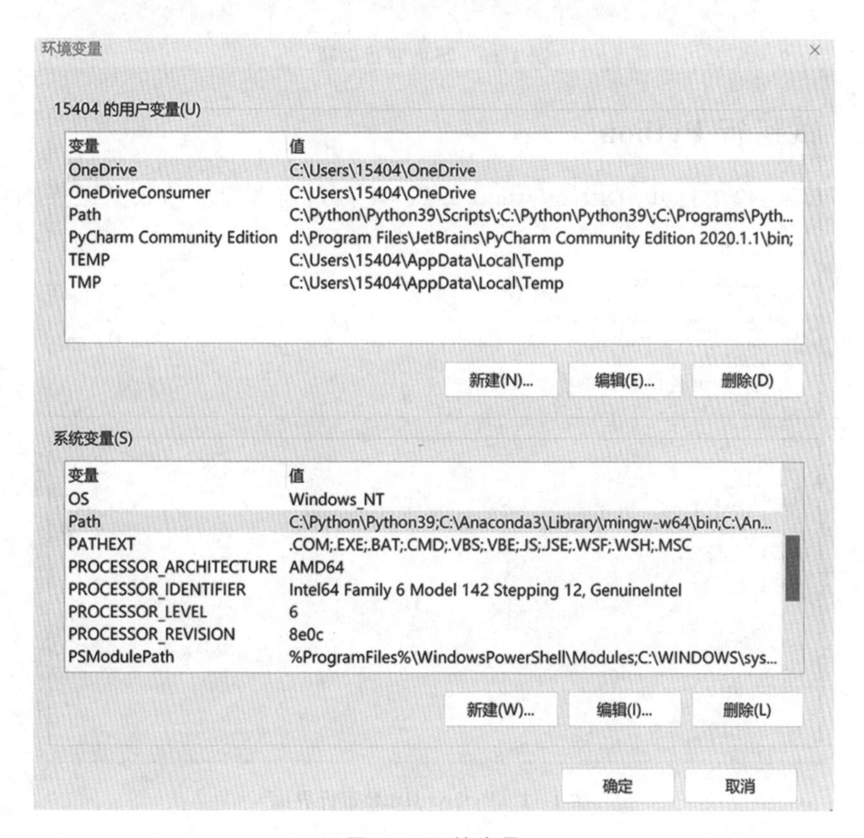

图 1-9　环境变量

编辑环境变量
C:\WINDOWS\System32\Wbem
C:\WINDOWS\System32\WindowsPowerShell\v1.0\
C:\WINDOWS\System32\OpenSSH\
d:\Program Files\MATLAB\R2017a\runtime\win64
d:\Program Files\MATLAB\R2017a\bin
D:\Program Files\MATLAB\R2017a\extern\include\win64
D:\Program Files\MATLAB\R2017a\bin\win64
G:\DoubleFreqScat_interface(对应的界面程序) 202305\DoubleFre...
G:\DoubleFreqScat_interface(对应的界面程序) 202305\DoubleFre...
C:\Program Files\Microsoft SQL Server\110\DTS\Binn\
C:\Program Files (x86)\Microsoft SQL Server\110\Tools\Binn\
C:\Program Files\Microsoft SQL Server\110\Tools\Binn\
C:\Program Files (x86)\Microsoft SQL Server\110\Tools\Binn\Man...
C:\Program Files (x86)\Microsoft Visual Studio 10.0\Common7\I...
C:\Program Files (x86)\Microsoft SQL Server\110\DTS\Binn\
C:\Program Files\dotnet\
%SystemRoot%\system32
%SystemRoot%
%SystemRoot%\System32\Wbem
%SYSTEMROOT%\System32\WindowsPowerShell\v1.0\
%SYSTEMROOT%\System32\OpenSSH\
%USERPROFILE%\.dnx\bin
C:\Program Files\Microsoft DNX\Dnvm\
新建(N)
编辑(E)
浏览(B)...
删除(D)
上移(U)
下移(O)
编辑文本(T)...
确定
取消

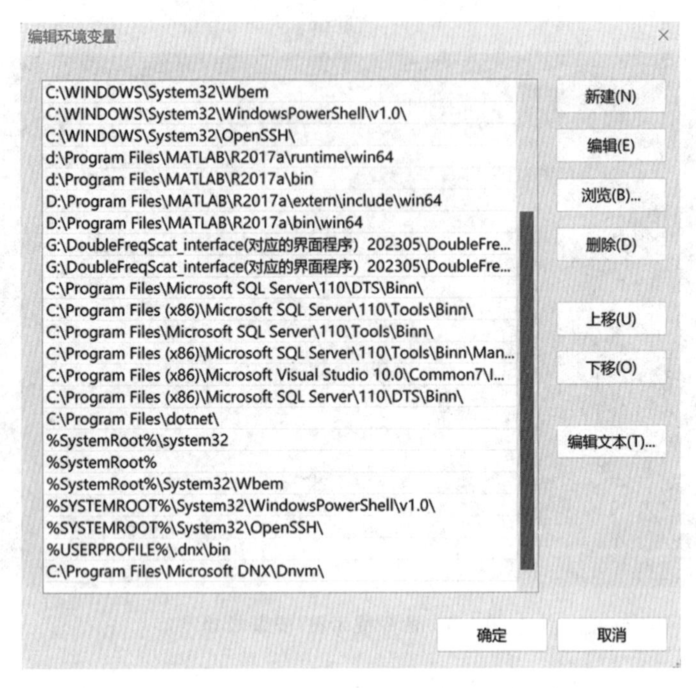

图 1-10　环境变量编辑

1.2.3　试运行 Python

从“开始”菜单中打开 IDLE(Python 3.11 64 位)，输入简单的数学运算，如图 1-11 所示。

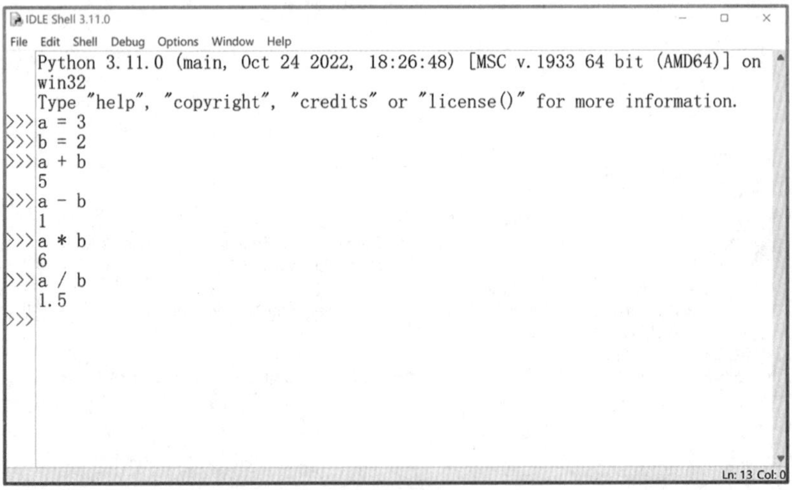

IDLE Shell 3.11.0
File Edit Shell Debug Options Window Help
Python 3.11.0 (main, Oct 24 2022, 18:26:48) [MSC v.1933 64 bit (AMD64)] on win32
Type "help", "copyright", "credits" or "license()" for more information.
>>>a = 3
>>>b = 2
>>>a + b
5
>>>a - b
1
>>>a * b
6
>>>a / b
1.5
>>>
Ln: 13 Col: 0

图 1-11　Python IDLE 运行界面

小结

本任务学习以下内容：

(1)从官网上下载并安装 Python 3.x。

(2)测试安装是否成功。

(3)试运行 Python。

任务 1.3 安装集成开发环境 PyCharm

任务描述

安装 Python 解释器时，会附带安装 Python IDLE。Python IDLE 虽然可以实现简单的编辑、运行功能，但是存在查错、调试功能比较弱等缺点，会影响到程序开发效率。为此，一些专业公司专门开发了适合 Python 的集成开发环境，其中比较常见的有 PyCharm。PyCharm 是一种 Python 集成开发环境，除了具备编辑、运行、调试等常规功能，还带有智能提示、自动完成、语法高亮、代码跳转、单元测试、版本控制等高级功能。本任务的内容是下载和安装 PyCharm。

任务分析

(1)下载 PyCharm。

(2)安装 PyCharm。

(3)配置 PyCharm 开发环境。

1.3.1 下载 PyCharm

在百度中搜索 PyCharm，可以找到 PyCharm 官网(https://www.jetbrains.com/pycharm/)，如图 1-12 所示。

图 1-12 PyCharm 官网

进入官网之后，在主页上单击“Download”，就可以进入下载页面，如图 1-13 所示。

PyCharm
Coming in 2022.3 What's New Features Learn Pricing Download
Download PyCharm
Windows macOS Linux
Version: 2022.2.3
Build: 222.4345.23
11 October 2022
System requirements
Installation instructions
Other versions
Third-party software
Professional
For both Scientific and Web Python development. With HTML, JS, and SQL support.
Download
Free 30-day trial available
Community
For pure Python development
Download
Free, built on open-source
Get the Toolbox App to download PyCharm and its future updates with ease

图 1-13 PyCharm 下载界面

在 PyCharm 下载页面上，PyCharm 在 Windows 平台下有两种版本，一种是专业版 Professional，一种为社区版 Community。专业版功能强大，拥有科学计算和网页开发等高级功能，它支持 HTML、JavaScript 和 SQL 数据库语言，缺点是专业版是收费的，试用一个月后就得交费才能继续使用。PyCharm 社区版是免费的，只提供纯 Python 开发，对于初学者而言，其提供的功能完全够用。建议先选择社区版，以后有必要时再选择专业版。单击社区版下面的“Download”就可以下载安装包。

1.3.2 安装 PyCharm

下载完成后，单击运行下载的安装文件，进入安装向导，如图 1-14 所示，单击“Next”。

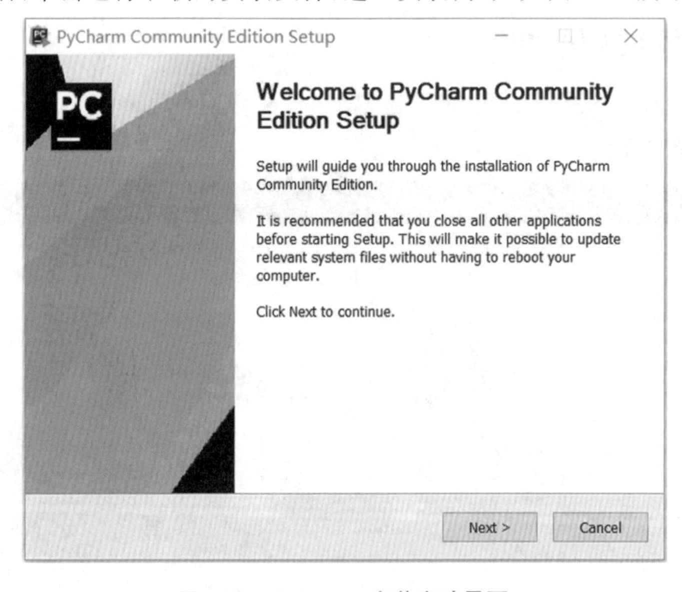

图 1-14 PyCharm 安装启动界面

在弹出的对话框(见图 1-15)中单击“Browse”按钮,选定安装路径,然后单击“Next”。

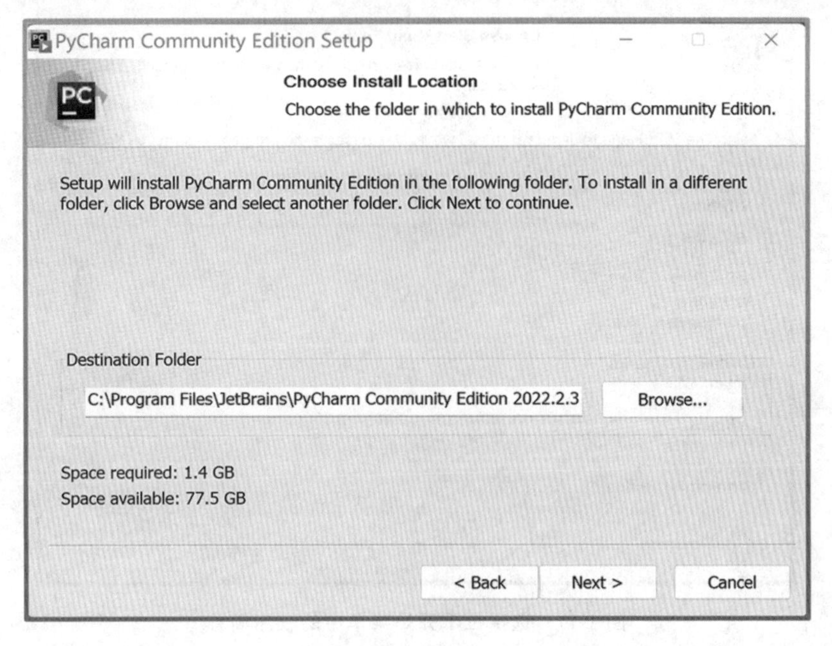

图 1-15　安装路径设置

图 1-16 中左边三个选项代表创建桌面快捷方式、在上下文菜单中添加新建项目栏目、将“. py”文件关联到 PyCharm 该节目提供的一些安装选项。可以根据需要选择相应的功能。设置完毕,单击“Next”进入下一步。

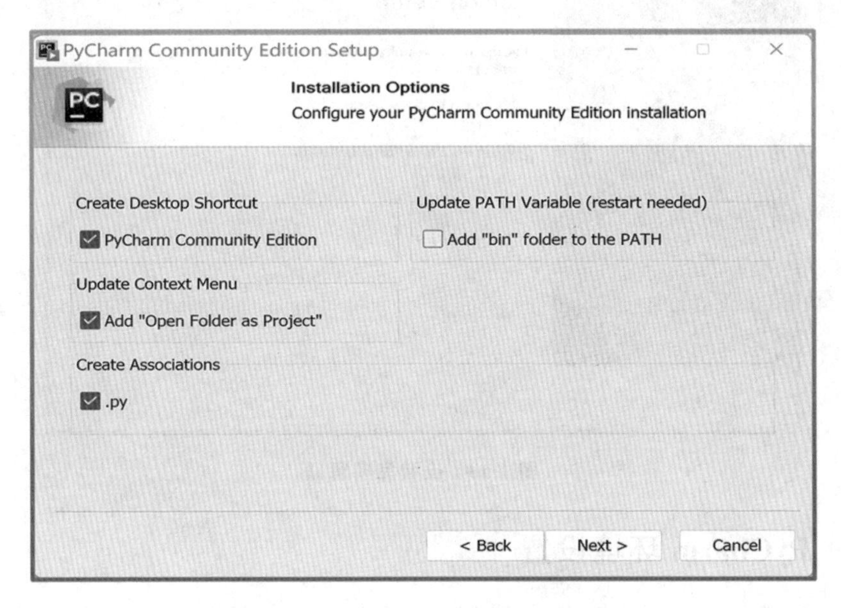

图 1-16　安装选项设置

设置开始菜单目录名(见图 1-17),这里可以不修改,单击“Install”开始进行安装。

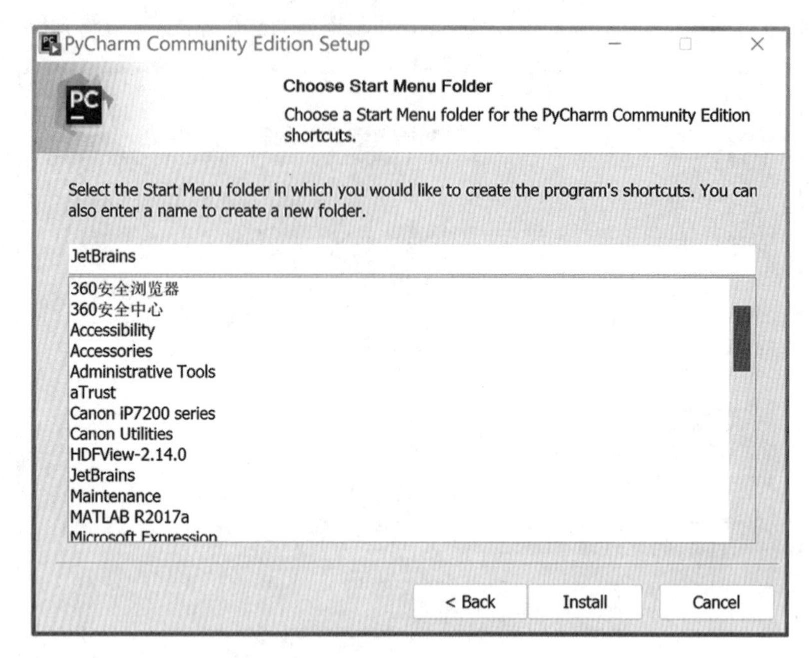

图 1-17 选择位于开始菜单中的程序简称

程序安装需要一些时间。安装完成后，单击“Finish”结束安装，如图 1-18 所示。

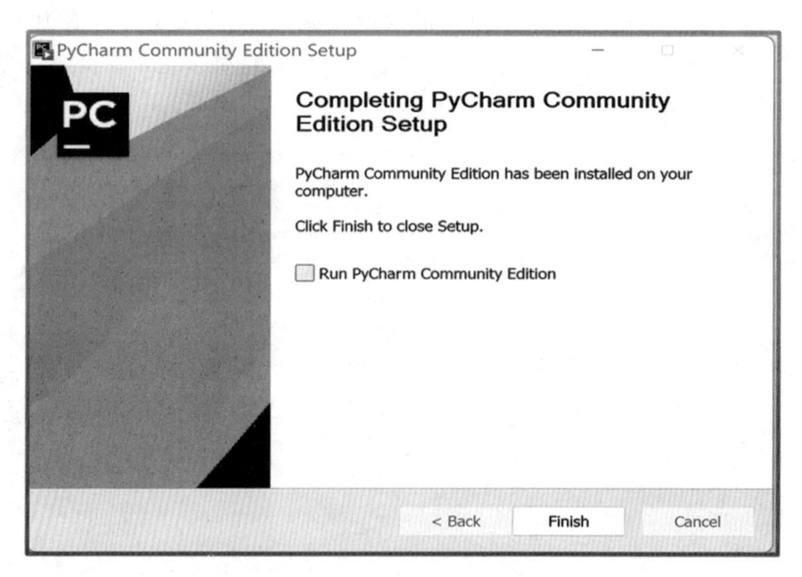

图 1-18 安装完成窗口

1.3.3 PyCharm 环境设置

在桌面或者“开始”菜单中，双击 PyCharm Community Edition，进入图 1-19。

选择第二个选项卡 Customize。其中主题颜色“Color theme”有四种主题[IntelliJ Light、Windows 10 Light(背景为白色)、Darcula、High contrast(背景为黑色)]，选择

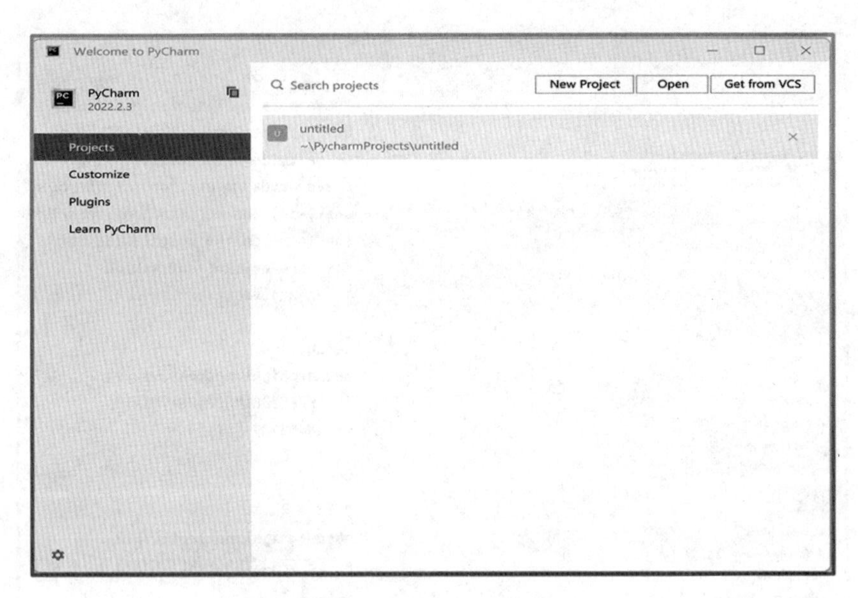

图 1-19　PyCharm 启动界面

“Windows 10 Light”，此时背景颜色就变成了白色，如图 1-20 所示。如果要设置其他内容，可以单击下面的“All settings”。

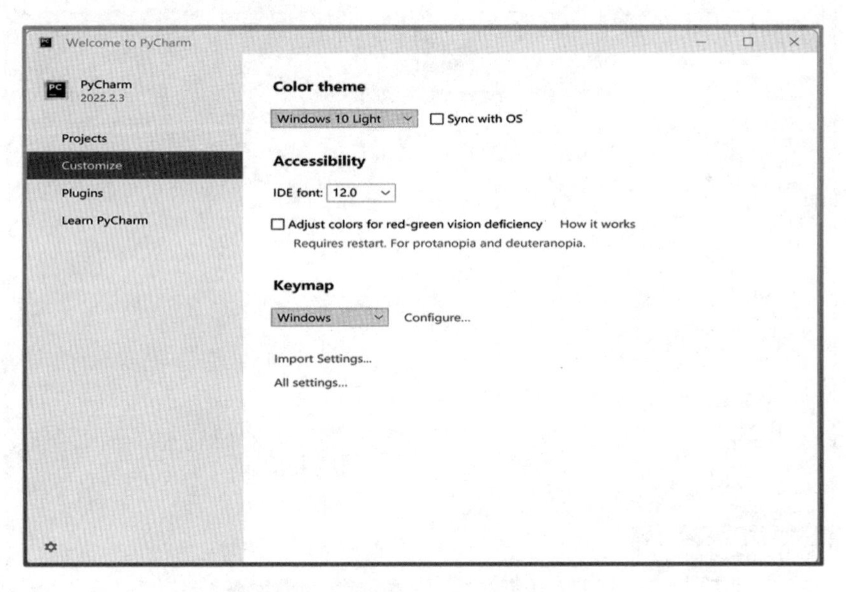

图 1-20　PyCharm 个性化设置

新建项目之后，也可以对 PyCharm 环境进行设置。方法是单击“File”菜单中的“Settings”，进入设置界面，如图 1-21 所示。如果觉得编辑窗口中的文字太小，可以单击左侧“Font”选项卡，设置字体大小和行距。

设置默认 Python 解释器，如图 1-22 所示。单击左侧“Python Interpreter”，选择右侧“Add Interpreter”会弹出添加解释器窗口。

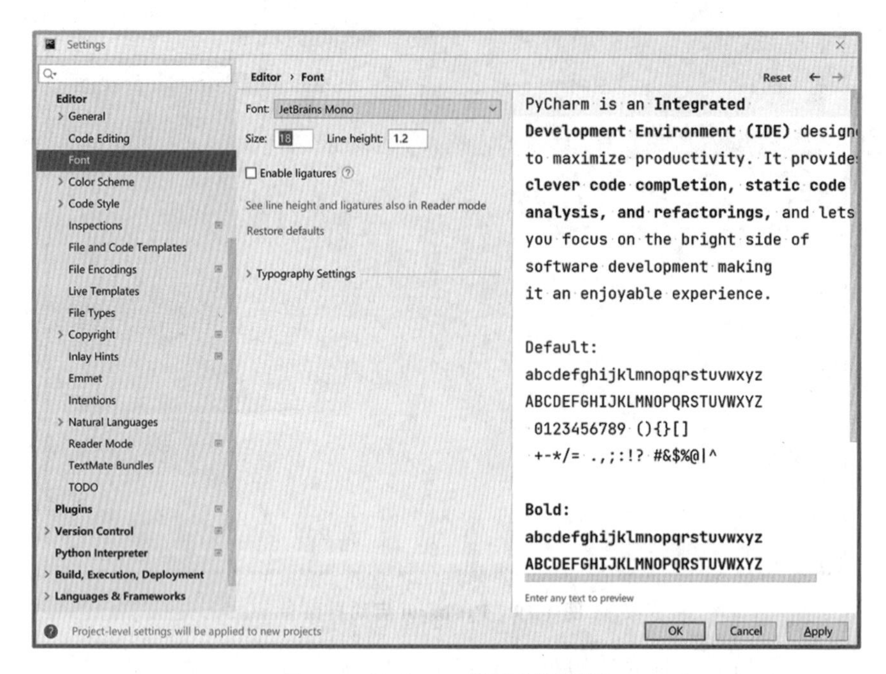

图 1-21　PyCharm 环境设置界面

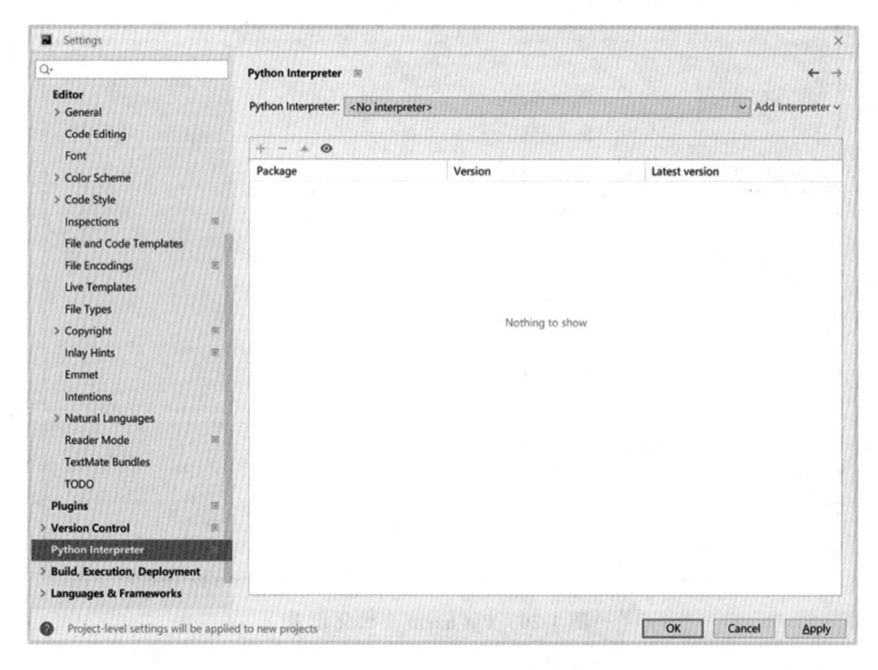

图 1-22　设置 Python 解释器

选择左侧“System Interpreter”选项卡，在右侧打开浏览按钮，选择 Python 安装目录下的 python. exe，如图 1-23 所示。

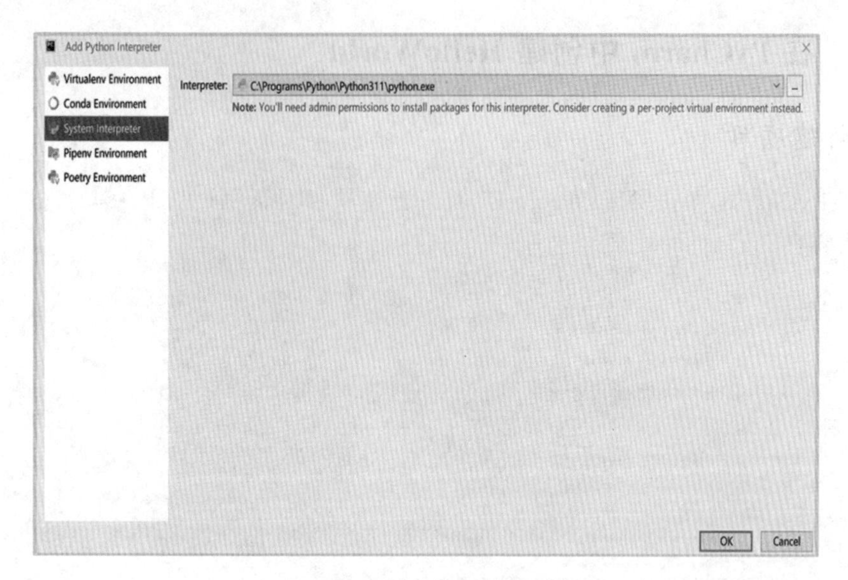

图 1-23　添加 Python 解释器

小 结

从 PyCharm 官网下载 PyCharm。PyCharm 有专业版和社区版，选择免费的社区版安装就可以了。安装完成之后，对 PyCharm 一些开发环境进行设置，包括主题颜色、编辑器字体大小、默认解释器等内容。

任务 1.4　创建第一个应用程序

任务描述

Python 开发环境搭建好之后，创建第一个 Python 项目，输出“Hello world!”。要求在 PyCharm、Python IDLE 中进行。

任务分析

对任务进行分析，将任务分解为以下内容：

(1)在 PyCharm 中新建项目，用 input 语句输入“hello world!”，然后使用 print 语句输出。

(2)在 Python 自带的集成开发环境 IDLE 中，使用交互模式实现相同的功能。

(3)在 IDLE 中，新建文件，输入代码，实现相同功能。

(4)将生成的 Python 文件在命令提示符窗口中编译执行。

1.4.1 在 PyCharm 中创建 HelloWorld

1. 新建项目

打开 PyCharm，单击"New Project"，打开新建项目对话框（见图 1-24）。这里需要设置以下内容：

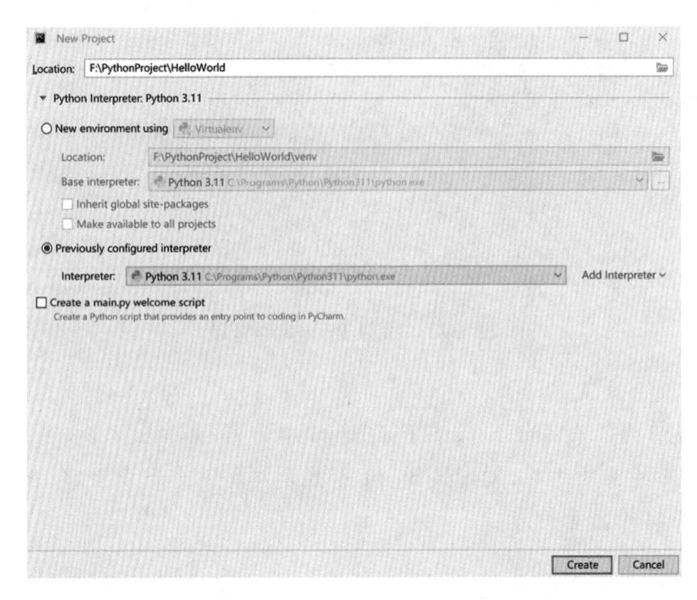

图 1-24 新建项目对话框

(1)设置项目路径。打开"Location"后面的浏览按钮，选择项目保存路径。

(2)设置 Python 解释器。这里给出两种选择：第一种是"New environment using"，即使用虚拟机新建 Python 环境，它是利用已有 Python 解释器新建一个虚拟运行环境，创建时需要占用不少硬盘空间；第二种是"Previously configured interpreter"，即使用上一次配置过的 Python 解释器，无须创建，可即刻使用。这里建议用户选择第二种（"Previously configured interpreter"），如果是第一次使用 PyCharm，下面的解释器应该为空，可以点击后面的"Add Interpreter"，选择并添加解释器。这两种方法的优缺点：第一种创建需要时间，占空间，但是便于移动，程序编写完毕后，将源程序和虚拟环境一并移动到其他机器，其他机器只需要指定该虚拟环境来运行源代码，源代码就可以执行；第二种方法，解释器可直接使用，不额外占用空间，适合程序自用或者初学者，缺点是当代码移动到其他计算机时，对方计算机需要重新安装源代码使用的第三方模块。

(3)不要选中"Create a main. py welcome script"，这样可以创建空白项目。

以上内容设置完成后，单击"Create"按钮，则可以创建新项目。

2. 添加 Python 文件

新建 Python 源文件。在项目管理器中，选中项目名称，右键单击，选中"New"，再选中“Python File”(见图 1-25),会打开新建文件窗口。

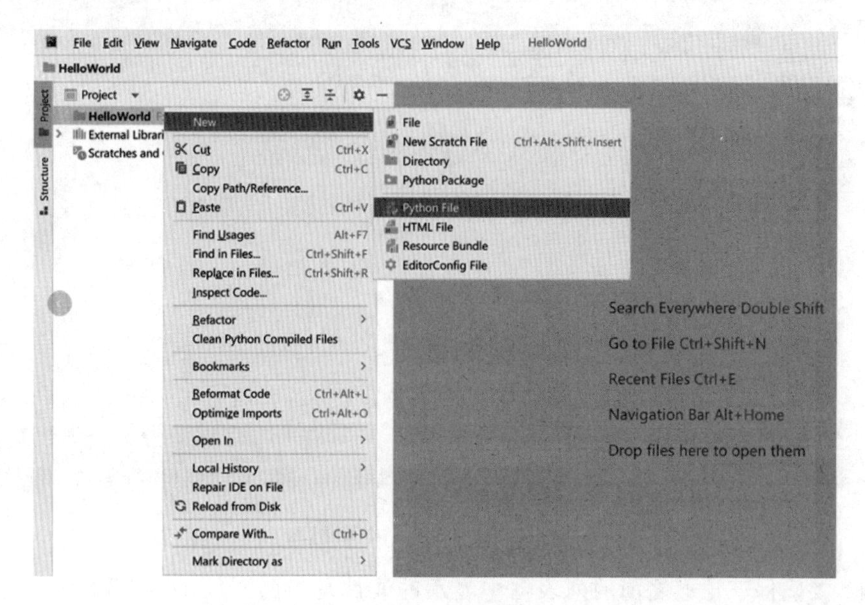

图 1-25　添加文件

在新建 Python 文件窗口中输入文件名,这里输入“helloworld. py”,然后选择要添加的文件类型(见图 1-26),最后按 Enter 键即可创建 Python 文件。“. py”为 Python 源文件后缀。

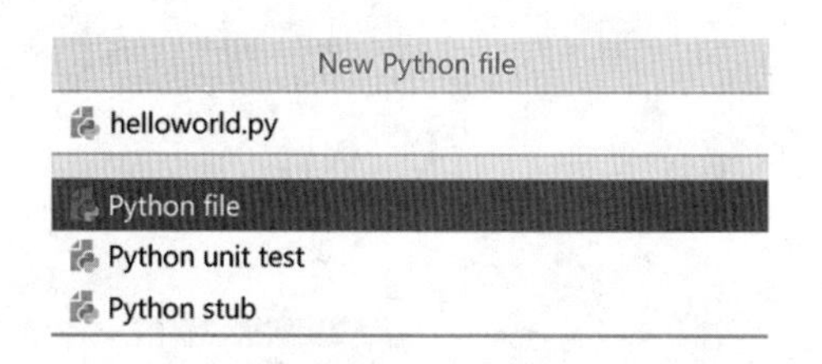

图 1-26　选择要添加的文件类型

3. 编写 Python 代码

文件创建完成后,在右侧代码编辑窗口自动打开该文件,接着就可以编写代码了。输入

```
print("Hello world!")
```

如图 1-27 所示,输入时注意:语句要靠左边写,即 print 前面不能有空格;print 后面的括号为英文半角括号,“Hello world!”外面的双引号为英文半角双引号。

4. 执行代码

在编辑窗口空白处右击,选中“Run ‘helloworld’”(见图 1-28),开始执行程序。第二次执行时,可以继续按照这种方法来运行程序,也可以单击右上侧工具条中的三角形,在

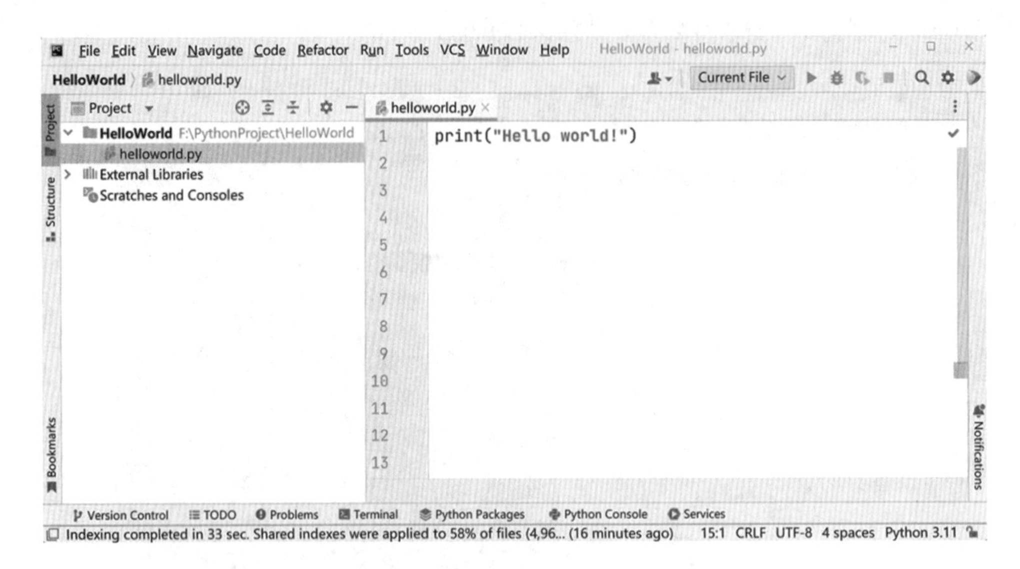

图 1-27　PyCharm 编辑窗口

单击之前，要确保三角形之前的列表框中显示的文件是当前文件，如果不是，要从该列表框中选中当前文件名。

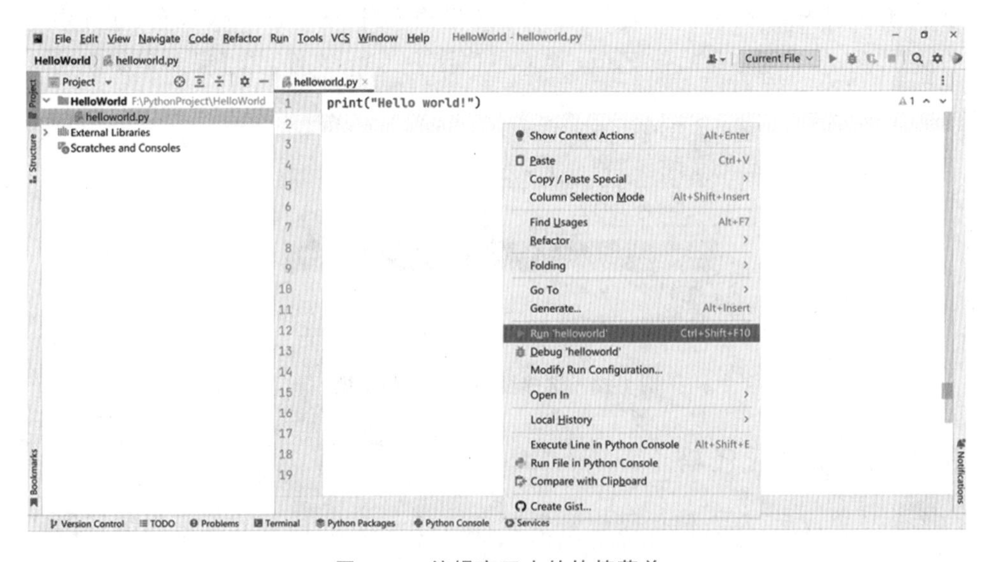

图 1-28　编辑窗口中的快捷菜单

程序执行完毕，在下面执行窗口中就会显示执行文件名和运行结果。最后一行“Process finished with exit code 0”，表示程序执行完毕，退出码为 0。在计算机程序设计里，正常执行时退出码一般设置为 0。从运行输出来看，程序执行后，输出“Hello world!”，如图 1-29 所示。

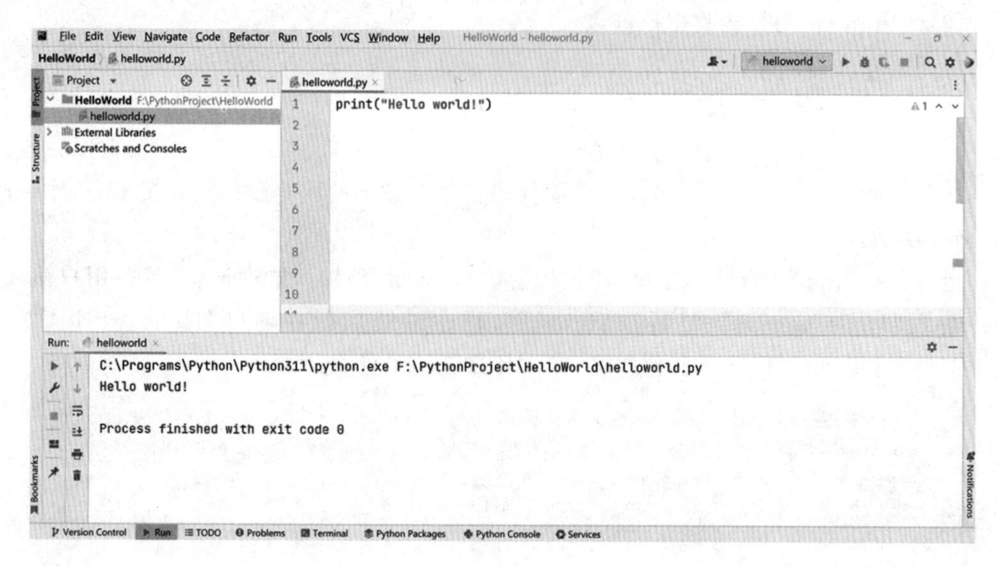

图 1-29　执行后输出(1)

5. 修改完善代码

(1)使用变量赋值,再输出。

将代码修改为:

```
text="Hello world!"
print(text)
```

这里定义变量 text,并将字符串"Hello world!"赋值给该变量,最后使用 print 函数输出该变量。运行后,在下面运行窗口中同样输出相同的内容,如图 1-30 所示。

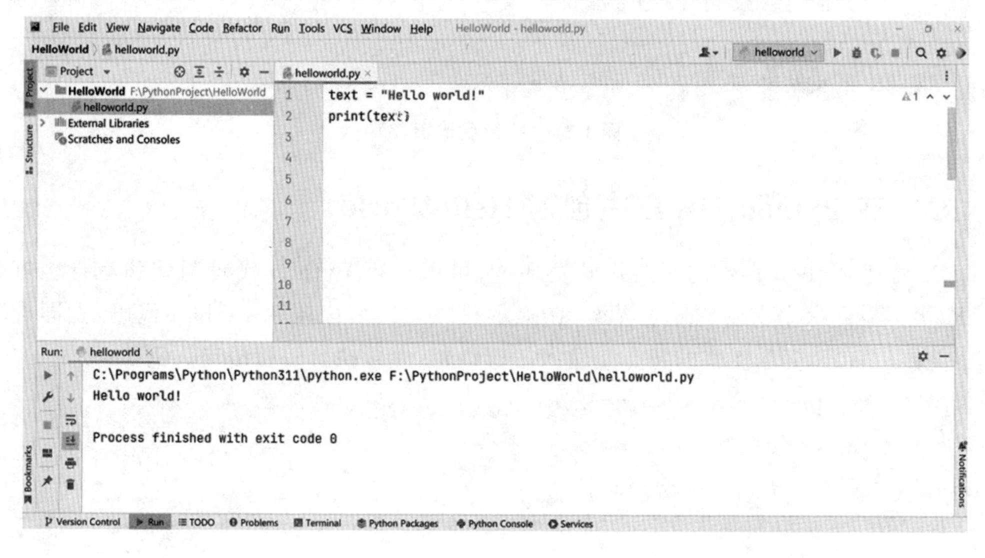

图 1-30　执行后输出(2)

(2)使用 input 函数接收用户输入。

将代码修改为:

```
text =input("请输入欢迎词:")
print(text)
```

这里 input 函数接收用户输入。上面代码将用户输入的内容赋值给变量 text,然后使用 print 函数输出 text。

运行代码时,在运行输出窗口(即执行窗口)处显示"请输入欢迎词:",等待用户输入。用户输入"Hello world!",然后按 Enter 键,程序继续执行并输出"Hello world!"(见图 1-31)。这里,也可以输入其他内容,输入什么就输出什么。

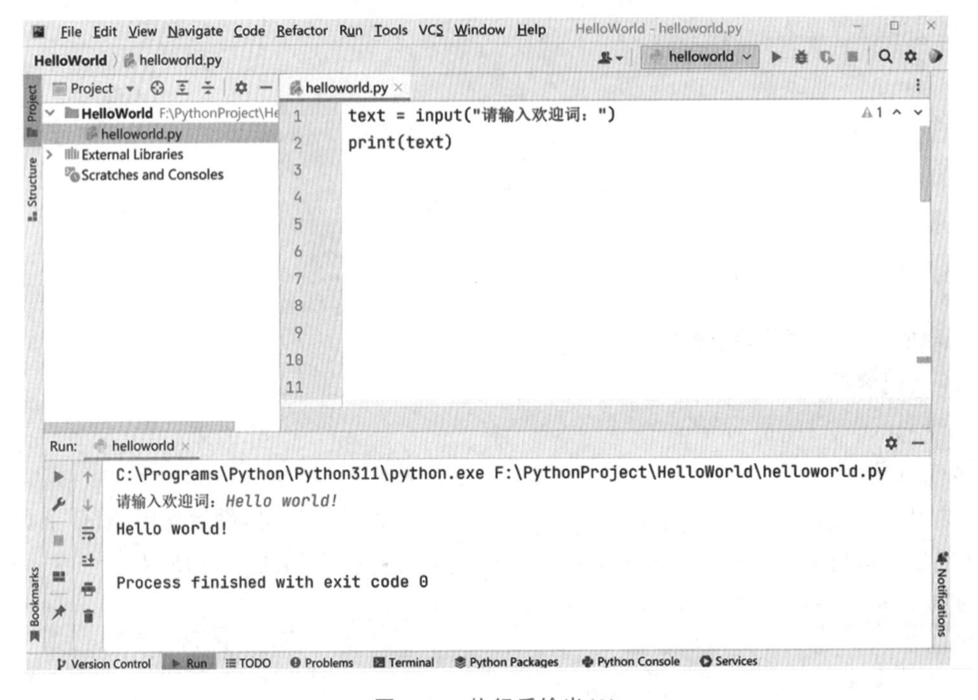

图 1-31　执行后输出(3)

1.4.2　在 Python IDLE 中创建 HelloWorld

IDLE 是 Python 自带的交互式开发环境,可以进行 Python 代码调试和运行。打开 IDLE,可以看到一个交互式输入界面,在提示符>>>后面输入 Python 代码,立即查看输出结果。IDLE 交互模式的特点是输入一行语句,立即执行一行语句。例如:

```
>>>print("Hello world!")
Hello world!
>>> text="Hello world!"
>>>print(text)
```

```
Hello world!
>>> text=input("请输入欢迎词:")
请输入欢迎词:Hello world!
>>>print(text)
Hello world!
```

IDLE 还提供文件模式,使用步骤如下:

(1)点击"File"→"New",新建一个 Python 文件。

(2)编写代码,如图 1-32 所示。

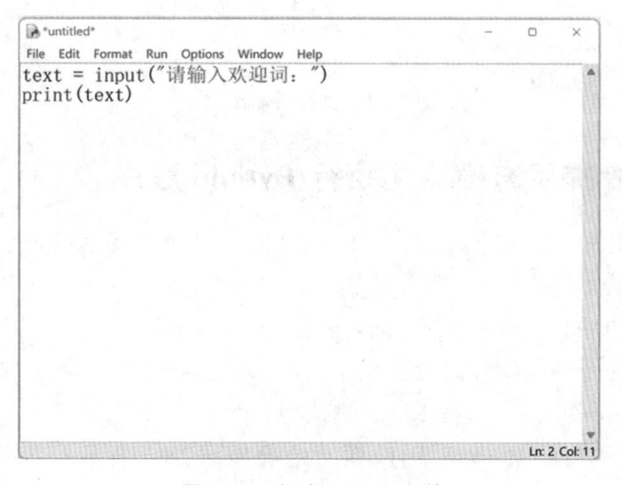

图 1-32　新建 Python 文件

(3)单击菜单"Run"→"Run model",第一次执行要求先保存为源文件,单击"确定"按钮,选择路径并输入文件名保存,即可执行代码。(见图 1-33)

图 1-33　执行情况

(4)在 IDLE 主界面上输入"Hello world!",然后按 Enter 键即可执行代码。(见图 1-34)

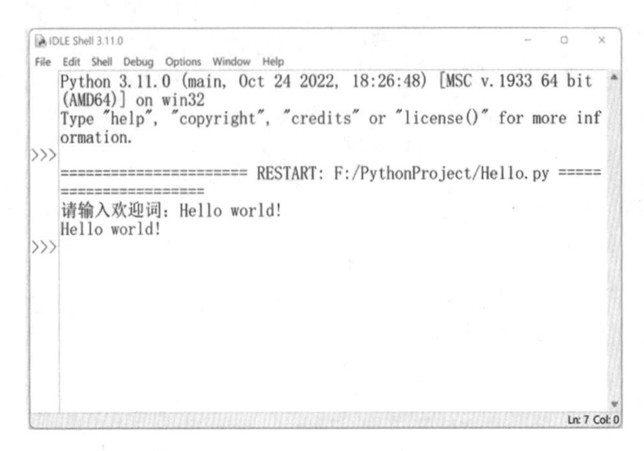

图 1-34　执行后输出(4)

1.4.3　在命令提示符窗口中执行 Python 程序

Python 程序编写完毕后，保存在文件中，可以通过命令提示符窗口执行。操作步骤如下：

(1)在开始菜单中，打开命令提示符 cmd。

(2)利用 dos 命令进入源代码所在程序。

(3)输入 Python 源文件名，按 Enter 键执行。

现在执行之前编写的 Python 程序，执行情况如图 1-35 所示。其中在命令提示符>后输入 f:，会跳转至 F 盘。cd 文件夹名，表示进入该文件夹。通过 cd 命令进入 Python 源程序所在文件夹后，使用 Python 命令即可执行，执行后会输出运行结果。

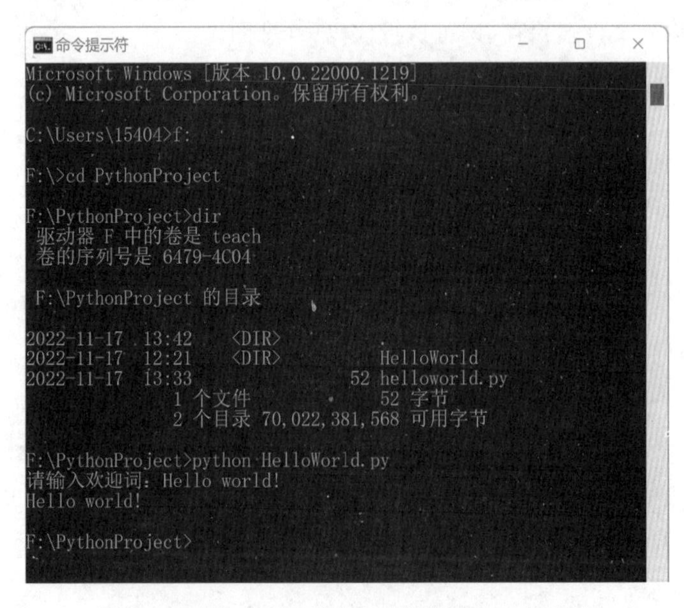

图 1-35　在命令提示符窗口中执行 Python 源代码

1.4.4 学习 print 语句

现在详细介绍 print 函数。

print 中文意思是打印，在 Python 语言里它不是往纸上打印，而是在命令行（或者叫终端、控制台里面）输出结果。print 是 Python 里很常见的操作，它的操作对象是一个字符串，也可以是一个变量。

print 语句除了打印文字之外，还能输出各种数字、运算结果、比较结果等。其中文字要加上英文单引号或者双引号。文字加上英文单引号或者双引号，表示字符串。

现在在 Python IDLE 中测试。

```
>>>print( "hello")
hello
>>>print( 'world')
world
>>>print (1)
1
>>>print (3.14)
3.14
>>>print (3e30)
3e+30
>>>print (1 + 2 * 3)
7
>>>print (2 > 5)
False
```

使用 print 语句时，如果想要输出提示信息，如一句话，那需要将提示信息用单引号或双引号包裹起来（这使得输出的内容构成一个字符串）。

如果想要看变量的值，则直接在 print 后面括号中加上变量名即可。

```
>>>student_id=2202237
>>>print ("学号:")
学号:
>>>print(student_id)
2202237
```

print 函数后面加括号，这是 Python 3 版本语法要求的。而 Python 2 版本不要求加括号。在网络上碰到有些 print 函数不加括号，并非 print 语句错误，而是它们是基于 Python 2 编写的。

关于 print 函数，有以下几种常见用法。

(1) print 函数可以输出多个内容，各输出内容使用逗号隔开。print 在输出时会依次打印各个字符串或变量，遇到逗号时会输出一个空格。例如：

```
>>>student_name='张衡'
>>>student_id=2202237
>>>print('姓名:', student_name)
姓名:  张衡
>>>print('学号:', student_id)
学号:  2202237
```

(2)print 函数使用"+"隔开两个字符串,输出时中间没有空格。实际上,使用"+"将两个字符串拼接成一个新的字符串,然后通过 print 函数输出。使用"+"连接,"+"两侧必须同属一个数据类型。如果要将字符串与数值拼接,先要使用字符串转换函数 str()将数值转换为字符串,然后再使用"+"拼接。

```
>>>print("我所在的学院是:"+"测绘遥感信息学院")
我所在的学院是:测绘遥感信息学院
>>>
>>>age=20
>>>print("我年龄是"+str(age))
我年龄是 20
```

(3)print 函数输出字符串时,可使用换行符"\n" 和制表符"\t"。"\t"一般输出几个空格,相当于在键盘上按了 Tab 键。例如以下代码可输出古诗《咏柳》。

```
print("\t\t"+"咏柳")
print("碧玉妆成一树高,万条垂下绿丝绦。\n 不知细叶谁裁出,二月春风似剪刀。")
```

运行结果:

```
                咏柳
碧玉妆成一树高,万条垂下绿丝绦。
不知细叶谁裁出,二月春风似剪刀。
```

(4)print 函数输出字符串时,使用"*"同时输出多个重复字符串。实际上,字符串乘以整数 n,是将字符串复制 n 倍,然后拼接成一个新的字符串。

```
print("#" * 30)
num=520
print("我"+"非常" * 3 +"喜欢 Python")
```

运行结果:

```
##############################
我非常非常非常喜欢 Python
```

小结

在本任务,通过创建 Helloworld 程序,学习了以下内容:

(1)在 PyCharm 和 Python IDLE 中编程的流程。

(2)在命令提示符窗口中使用 Python 命令运行 Python 文件。

(3)Python 函数常见用法。

实训:古诗词输出

1. 实训目标

(1)掌握 Python 程序开发流程。

(2)掌握 print 函数的常见用法。

2. 需求说明

请自选一首古诗,并逐行输出,格式如下所示。

水调歌头(明月几时有)

[宋] 苏轼

明月几时有?把酒问青天。

不知天上宫阙,今夕是何年。

我欲乘风归去,又恐琼楼玉宇,高处不胜寒。

起舞弄清影,何似在人间。

3. 实训步骤

(1)使用 print 语句输出标题。标题前有几个空格。

(2)居中输出作者。

(2)居中输出每一行诗词。

习 题

一、选择题

1. Python 程序文件的扩展名是(　　)。

A. . Python　　B. . pyt　　C. . pt　　D. . py

2. 执行下列语句后的显示结果是(　　)。

```
world= "world"
print("hello"+ world)
```

A. helloworld　　B. "hello"world　　C. hello world　　D. 语法错误

3. 拟在屏幕上打印输出“Hello World”,以下选项中正确的是(　　)。

A. print("Hello World")　　B. printf("Hello World")

C. printf("Hello World")　　D. print(Hello World)

4. Python 语言中,以下表达式输出结果为 11 的选项是(　　)。

A. print("1+1")　　B. print(1+1)

C. print(eval("1+1"))　　D. print(eval("1"+"1"))

5. 在 Python 函数中,用于获取用户输入的是(　　)。

A. get()　　B. print()　　C. input()　　D. eval()

二、判断题

1. 在任何时刻相同的值在内存中都只保留一份。(　　)

2. 不可以在同一台计算机上安装多个 Python 版本。(　　)

3. 在 Python 3. x 中语句 print(*[1,2,3]) 不能正确执行。(　　)

4. 加法除了可以用于两个数值的相加,也可以用于两个字符串的相加。(　　)

5. Python 3. x 完全兼容 Python 2. x。(　　)

项目 2
语法基础

项目描述

Python 语言可以用来编写各种应用程序。在编写应用程序之前，必须掌握 Python 语言基本语法知识。本项目将介绍 Python 语法基础，包括命名规范、代码注释、缩进规则和良好的编程习惯。这些基本语法知识，贯穿整个 Python 语言程序开发。

学习目标

(1)掌握命名规范，能够根据实际需要对变量进行合法、合理的命名。
(2)掌握代码注释，能够采用多种注释方法提高代码的可阅读性和可维护性。
(3)掌握代码缩进规则，能够使用缩进规则建立复杂程序结构。
(4)掌握良好的编程习惯，提高代码的编写效率和可维护性，提高团队开发能力。

素质目标

(1)培养学生的逻辑思维和抽象思维能力。
(2)正确认识规则与自由、道德与法治的辩证统一关系，提高遵纪守法的公民意识。
(3)树立终身学习理念，培养团队合作精神。

任务 2.1　学习 Python 固定语法

任务描述

在使用 Python 之前，首先要了解它的基本语法，这有助于进一步学习，有利于保持良好的编程习惯。

任务分析

(1)学习命名规范，知道如何命名一个标识符。

(2)学习使用注释，增加代码可读性和可维护性。

(3)学习代码缩进，实现代码多层次结构。

(4)学习良好习惯，使得代码易于阅读和修改。

2.1.1　学习命名规范

Python 标识符用于识别变量、函数、类、模块以及其他对象的名字。标识符由字母、数字、汉字及下划线(_)组成，但必须以一个非数字字符开始。另外，这里的字母仅包括 ISO-Latin 字符集中的 A～Z 和 a～z。以下都是合法的标识符。

```
USERID,Name,mode_12,user_age,年龄,_hello   # 合法标识符
```

可用中文命名，但考虑到中英文切换输入，不建议使用！

标识符不能包含运算符、标点符号、空格、@、%、$ 等特殊字符。以下不是合法的标识符。

```
4word, a+b, a'b, Hello world, $money    # 不合法标识符
```

命名除了要满足以上标识符规定之外，还需要注意以下内容。

(1)Python 关键字不能为标识符。可以通过 keyword 模块查看 Python 关键字。

```
>>> import keyword       #导入 keyword 模块
>>> print(keyword.kwlist)    #输出 keyword 模块中的 kwlist 变量
['False', 'None', 'True', 'and', 'as', 'assert', 'async', 'await', 'break', 'class', 'continue', 'def', 'del', 'elif', 'else', 'except', 'finally', 'for', 'from', 'global', 'if', 'import', 'in', 'is', 'lambda', 'nonlocal', 'not', 'or', 'pass', 'raise', 'return', 'try', 'while', 'with', 'yield']
```

如果将关键字作为标识符，则会抛出异常。比如以下尝试将关键字 if 当作标识符，执行时抛出语法异常 SyntaxError，提醒不合语法。

```
>>>if=1      # if 为关键字
SyntaxError: invalid syntax
```

(2)标识符中的英文字母区分大小写。

两个标识符,即便字符相同,但只要大小写不同,也是两个不同的标识符。

```
>>> Name='Tom'
>>> name='Jim'
>>> print(Name)
Tom
>>> print(name)
Jim
```

以上代码定义了标识符 Name 和 name,分别存储不同的数据,可见这两个标识符是完全不同的。编写代码时,要注意变量大小写。在以下代码中,第一行语句定义了变量 height,第二行语句本意是要输出 height 值,但误将 height 写成 Height,程序执行时抛出命名错误,提醒 Height 变量未定义。这里涉及 Python 的一个语法知识,那就是变量只有被定义了,后面才能使用该变量。对没有被定义过的变量,后面不能够直接使用。

```
>>> height=1.7
>>> print(Height)
Traceback (most recent call last):
  File "<pyshell#7>", line 1, in <module>
    print(Height)
NameError: name 'Height' is not defined
```

(3)不要随意使用下划线开始的标识符。在 Python 中,以下划线开始的标识符具有特殊意义。比如:

• 以单下划线开头的标识符(如 _width),表示不能直接访问的类属性,其无法通过 from...import * 的方式导入。

• 以双下划线开头的标识符(如__add)表示类的私有成员。

• 以双下划线作为开头和结尾的标识符(如 __init__)是专用标识符。

因此,除非特定场景需要,应避免使用以下划线开头的标识符。

现在对标识符的命名提几个建议:

(1)建议命名要有意义,能够见名知意,长度适中。见名知意,就是让人看到名字,就知道它具体代表什么。长度要适中,就是名字不要太长,也不要太短。太长不利于书写,太短意义不清楚。

以下都是不合理的命名,要么太长,要么太短。第一个为学生姓名的拼音,命名太长,输入费时,而且多占空间;后面几个名字只有一两个字母,为汉语拼音的首字母,大家能猜出代表什么意思吗?很难!除非命名的人告诉你,你才知道;而且时间久了,你也会忘记。因此,这几个名字起得不好,为不合理命名。

```
xueshengxingming, h, kd, w, xh, nl, sr    #命名合法,但不合理,不建议使用
```

以下几个命名,长度适中,而且意义很清晰,分别为高度 height、宽度 width、重量 weight、序号 id、年龄 age、生日 birthday、学生姓名 stud_name。这几个名字起得好,是比

较合理的命名。

```
height, width, weight, id, age, birthday, stud_name  #命名合理
```

在命名上,一般使用英文名称来命名,意义清晰,长度适中。如果英文名称太长,可以使用缩写。只要缩写后的英文名称,别人能看得懂,就是一个好的标识符。

(2)建议慎用小写字母 l 和大写字母 O。由于小写字母 l 与数字 1 容易混淆,大写字母 O 与数字 0 容易混淆,一般尽量避免使用小写字母 l 和大写字母 O。

(3)建议命名不要使用内置函数名。如果使用内置函数名作为变量名,有时会发生莫名其妙的错误。例如:

```
#print 函数后面多了个"=",将 print 由输出函数变为一般变量
>>> print=('开始计算')
>>> num=10 * 20
>>> print(num)
Traceback (most recent call last):
  File "<pyshell#17>", line 1, in <module>
    print(volume)
TypeError: 'str' object is not callable
>>> del print
>>> print(age)
200
```

以上第一行代码,本来是要输出"开始计算"的,但在 print 后面多输入了"=",使得 print 不再是输出函数了,而是一个普通的变量。第三行代码要输出 num 的值时,抛出类型异常 TypeError,提醒 print 是一个字符串,不可以像函数一样调用。

如果要恢复 print 输出功能,使用 del 命令删除 print。del 为删除 delete 的缩写,可以删除已经定义的变量。del print,就是删除 print 变量名。删除后,print 就恢复为输出函数。

2.1.2 加入代码注释

注释就是在代码中添加解释语言,方便我们阅读代码和修改代码,这在大型程序开发和团队协作开发中显得尤其重要。如果不在代码中加入注释,就会存在一些问题。第一,别人不容易看得懂编写者的代码;第二,时间久了,编写者都有可能不记得代码是如何编出来的。可见,不对代码进行注释或者注释不到位,不利于团队合作和代码的可维护性。

Python 语言注释有三种,分别为单行注释、多行注释和中文编码声明注释。现在分别介绍如下。

1. 单行注释

使用"#"作为单行注释的符号。从符号"#"开始直到换行为止,"#"后面所有的内容都作为注释的内容,并被 Python 编译器忽略。语法格式为:

```
#注释内容
```

单行注释可以放在要注释代码的前一行，比如下面代码，在代码的上一行添加注释，注释内容包括单位和输入示例。

```
#要求输入身高，单位为m(米)，如1.70
height=float(input("请输入您的身高："))
```

单行注释也可以放在注释代码的右侧。比如，将刚才例子的注释移动到代码的右侧。

```
height=float(input("请输入您的身高："))    # 要求输入身高，单位为m(米)，如1.70
```

注释可以出现在代码的任意位置，但不能分隔关键字和标识符。比如，下面这行代码将注释部分放到语句中间，会犯语法错误。

```
height=float(#要求输入身高 input("请输入您的身高"))
```

当然，添加的注释必须有意义，有助于理解代码，有助于阅读和修改代码。比如以下代码，注释为bmi公式，并且提醒勿改动。

```
bmi=weight / (height * height)        #bmi指数公式，请勿改动
```

注释并非唯一，以上代码也可以注释为：

```
#用于计算BMI指数，公式为"体重/身高的平方"
bmi=weight / (height * height)
```

2. 多行注释

如果要注释多行，采用单行注释也可以，但采用单行注释，需要在每行前添加#，这样比较麻烦，而且不美观。对此，Python提供了多行注释方法，就是使用一对三引号来进行注释。多行注释，可以使用单三引号，比如：

```
'''
注释内容1
注释内容2
……
'''
```

多行注释，也可以使用双三引号，比如：

```
"""
注释内容1
注释内容2
……
"""
```

多行注释通常用来为Python文件、模块、类或者函数等添加版权、功能等信息。

3. 中文编码声明注释

Python 2 解释器不支持直接写中文，Python 3 是支持中文编码的。但为了规范页面编码，同时方便他人及时了解文件所用编码，Python 3 提供了中文编码声明注释。常见中文编码声明注释有以下三种：

```
#coding=编码(utf-8、gbk 或 cp936)
#-*-coding：utf-8-*-
#coding：utf-8
```

2.1.3 学习缩进规则

一般的语言都使用{}或 end 作为代码块的标记，而 Python 语言则通过缩进来识别代码块。

Python 的缩进规则：对于类定义、函数定义、流程控制语句、异常处理语句等，行尾的冒号和下一行的缩进，表示下一个代码块的开始，而缩进的结束则表示此代码块的结束。

代码缩进可以使用空格实现，也可以使用 Tab 键实现。使用空格时，Python 并没有硬性要求，通常采用 4 个空格作为一个缩进量。默认情况下，一个 Tab 键就表示 4 个空格。

首先，看下面这段代码：

```
height=1.7
weight=61.0
bmi=weight / (height * height)
if bmi >= 18.5 and bmi <24.9:
    print('您的 BMI 指数为:'+str(bmi))
    print("体重属于正常范围")
else:
    print('您的 BMI 指数为:'+str(bmi))
    print("体重偏肥或者偏瘦")
```

以上代码根据 BMI 指数对身体肥胖程度进行评估。BMI 指数，也叫体重指数，为体重除以身高的平方。BMI 指数是国际上衡量人体胖瘦程度以及是否健康的常用标准。当 BMI 指数在 18.5 和 24.9 之间时身材正常，否则为太肥或太瘦。当然，BMI 指数对正常范围之外的肥胖进行了更加详细的划分，上面代码是简化版本的 BMI 指数评估方法。

在以上代码中，每一行语句前面的空格数量并不完全一样，存在两个层次，最外层是一个层次，代码都靠边。代码前面有空格的，属于第二层次。当 if 满足条件时，进入第二层次，if 不满足条件时也进入第二层次。

具体缩进规则如下：

(1)首行顶格写。第一行语句前面不能有空格，必须顶格写。

(2)相同逻辑层，必须并列，也就是前面的空格数量必须相同，否则报缩进错误。在上面代码段中，前面代码位于同一个逻辑层，所以并列。从 if 开始到结束的这 3 行语句在整体上是一个 if 语句，只不过该语句比较复杂，内部存在第二层次的代码。

(3)冒号后的一行，往右缩进，开始另一个逻辑层。新逻辑层结束后，下一行要回到冒号所在行的位置。比如在上面代码中，if 语句最后有个冒号，下一行就要向右缩进几个空格，具体几个空格无所谓，只要能方便区分就可以。这里，在新的逻辑层里有两个语句，由于它们同属于一个逻辑层，两个语句并列。这两个语句结束后，到了 else，else 恢复到前一个逻辑层的缩进。else 后面有冒号，说明 else 后一行又开启新的逻辑层。在这段代码中，if 和 else 开始的逻辑层在缩进上没有关系，向右缩进的空格数量不要求相同，但为了美观和便于阅读代码，建议向右缩进的空格数量相同。

以上代码执行后输出以下内容：

```
您的 BMI 指数为:21.107266435986162
体重属于正常范围
```

如果将第二行语句往右缩进几个空格，比如：

```
height=1.7
  weight=61.0          #往右缩进几个空格，不符合缩进规则
bmi=weight / (height * height)
if bmi >= 18.5 and bmi <24.9:
    print('您的 BMI 指数为:'+str(bmi))
    print("体重属于正常范围")
else:
    print('您的 BMI 指数为:'+str(bmi))
    print("体重偏肥或者偏瘦")
```

修改后代码执行时，抛出如下缩进异常 IndentationError，提醒存在不应有的缩进。

```
File "F:\project\1.py", line 2
    weight=61.0
IndentationError: unexpected indent
```

2.1.4 良好的编程习惯

(1)运算符两侧、函数参数之间用空格分隔。

```
#不推荐
x=2*3
print(2,3)

#推荐
x = 2 * 3            #等号和乘号两侧有空格
print(2, 3)          # print 参数之间有空格
```

(2)每个 import 语句只导入一个模块，尽量避免一次导入多个模块。

```
#不推荐
import os,sys
#推荐
import os
import sys
```

(3)不要在行尾添加分号,也不要用分号将两条命令放在同一行。

```
#不推荐
height=float(input("输入身高:")) ; weight=float(input("输入体重:")) ;

#推荐
height=float(input("输入身高:"))
weight=float(input("输入体重:"))
```

(4)每行不超过 80 个字符。如果超过,则使用小括号或斜杠将多行内容连接起来。

```
#使用斜杠连接
x=1+2+3+4+5 +6 +7 +8 \
          +9 +10

#使用小括号连接
x=(1+2+3+4+5 +6 +7 +8
    +9+10)
```

(5)统一标识符命名大小写约定。

模块名尽量短小,并且全部使用小写字母,可以使用下划线分隔多个单词。例如 game_main、game_register、bmi_exponent 都是推荐使用的模块名。

变量名、函数、类的属性和方法命名规则同模块类似,全部使用小写字母,多个单词用下划线分隔。

类名采用单词首字母大写形式,如定义一个借书类,可以命名为 BorrowBook。

(6)使用空行进行段落划分。

不同函数或者语句块之间用空行分隔,以区分两段功能不同的代码,提高代码可读性。

```
x=1
y=2

#换行输出
print(x)
print(y)
```

```
#连续输出
print(x, y)
```

小结

本任务学习了Python固定语法，主要包括以下内容：

(1)Python中的标识符是用于识别变量、函数、类、模块以及其他对象的名字，标识符可以包含字母、数字及下划线(_)，但是必须以一个非数字字符开始。字母仅仅包括ISO-Latin字符集中的A～Z和a～z。

(2)注释是对代码的解释和说明，帮助记录代码实现的功能，便于程序员阅读代码。注释的内容将被Python解释器忽略，不会在执行结果中体现出来。

(3)Python采用代码缩进和冒号区分代码之间的层次。

(4)养成良好的编程习惯。

习题

一、选择题

1. 关于Python程序格式框架的描述，以下选项错误的是(　　)。

A. Python语言的缩进可以采用Tab键实现

B. Python单层缩进代码属于之前最邻近的一行非缩进代码，多层缩进代码根据缩进关系决定所属范围

C. 判断、循环、函数等语法形式能够通过缩进包含一批Python代码，进而表达对应的语义

D. Python语言不采用严格的“缩进”来表明程序的格式框架

2. 以下不是Python语言关键字的选项是(　　)。

A. return　　B. define　　C. in　　D. def

3. 关于Python语言的注释，以下选项中描述错误的是(　　)。

A. Python语言的单行注释以#开头

B. Python语言的单行注释以单引号'开头

C. Python语言的多行注释以'''(三个单引号)开头和结尾

D. Python语言有两种注释方式：单行注释和多行注释

4. 下面不是Python合法标识符的是(　　)。

A. int32　　B. 40XL　　C. self　　D. _name__

5. 关于Python内存管理，下列说法错误的是(　　)。

A. 变量不必事先声明

B. 变量无须先创建和赋值而直接使用

C. 变量无须指定类型

D. 可以使用del释放资源

6. Python中对变量描述错误的选项是(　　)。

A. Python 不需要显式声明变量类型，在第一次变量赋值时由值决定变量的类型

B. 变量通过变量名访问

C. 变量必须在创建和赋值后使用

D. 变量 PI 与变量 Pi 被看作相同的变量

7. 以下选项中，不符合 Python 语言变量命名规则的是(　　)。

A. keyword33_　　B. 33_keyword　　C. _33keyword　　D. keyword_33

8. 如果 Python 程序执行时，产生了"unexpected indent"的错误，其原因是(　　)。

A. 代码中使用了错误的关键字

B. 代码中缺少":"符号

C. 代码里的语句嵌套层次太多

D. 代码中出现了缩进不匹配的问题

9. 以下关于 Python 程序语法元素的描述，错误的选项是(　　)。

A. 注释有助于提高代码可读性和可维护性

B. 虽然 Python 支持中文变量名，但从兼容性角度考虑还是不要用中文名

C. true 并不是 Python 的保留字

D. 并不是所有的 if 语句后面都要用":"结尾

10. Python 可以将一条长语句分成多行显示的续行符号是(　　)。

A. \　　B. #　　C. ;　　D. '

二、判断题

1. 在一个软件的设计与开发中，所有类名、函数名、变量名都应该遵循统一的风格和规范。(　　)

2. Python 不允许使用关键字作为变量名，允许使用内置函数名作为变量名，但这会改变函数名的含义。(　　)

3. 在 Python 中可以使用 if 作为变量名。(　　)

4. Python 变量名必须以字母或下划线开头，并且区分字母大小写。(　　)

5. 在 Python 3. x 中可以使用中文作为变量名。(　　)

6. Python 使用缩进来体现代码之间的逻辑关系。(　　)

7. Python 代码的注释只有一种方式，那就是使用#符号。(　　)

8. 为了让代码更加紧凑，编写 Python 程序时应尽量避免加入空格和空行。(　　)

任务 2.2　根据身份证号码提取生日，并计算年龄

任务描述

根据身份证号码，提取生日信息，然后计算年龄。

任务分析

(1)输入一个身份证号码,保存在字符串变量中。

(2)从字符串变量中提取年、月、日子串,并转化为数字。

(3)根据年份计算年龄。

(4)输出生日和年龄。

2.2.1 变量和常量

1. 变量

1)变量定义

在Python中,变量可称为"名字"或者标签,被用来存储后续可能会变化的值。Python里创建一个变量的方法很简单,起名字并赋值。

比如,假设这里有几个人,如何来描述这些人呢?每个人都有自己的姓名(name)、性别(gender)、年龄(age)、国籍(nationality)、教育(education)、职业(occupation)等。在Python中可以使用以下变量名来描述第一个人:

```
name_1 = 'Lucy'          #命名中"_1"表示第一个人
gender_1 = 'female'      # female 男
age_1 = 28
nation_1 = 'China'
edu_1 = 'master'         #edu为education的缩写
occu_ = 'secretary'      #occu为occupation的缩写
```

变量名属于标识符,必须符合标识符的命名规则,比如变量名必须是英文字母、数字、汉字或下划线(_)的组合,不能用数字开头,并且需要注意字母大小写的区别,慎用小写字母l和大写字母O等。

关键字(或称保留字)不能用于命名变量。可以通过keyword模块来获取关键字列表。

```
>>> import  keyword              #导入关键字模块keyword
>>> print(keyword.kwlist)        #输出所有关键字列表
['False', 'None', 'True', '__peg_parser__', 'and', 'as', 'assert', 'async',
'await', 'break', 'class', 'continue', 'def', 'del', 'elif', 'else', 'except', 'finally',
'for', 'from', 'global', 'if', 'import', 'in', 'is', 'lambda', 'nonlocal', 'not', 'or',
'pass', 'raise', 'return', 'try', 'while', 'with', 'yield']
```

如果强行使用关键字作为列表,则在执行时抛出异常。比如,False为关键字,将其赋值为1,则抛出语法错误SyntaxError,提醒不能将值赋给False。

```
>>> False = 1
SyntaxError: cannot assign to False
```

2)变量赋值

变量赋值是将一个值赋给一个变量,语法格式为:

```
变量名=值
```

一个新的变量在赋值前,无须指定它的数据类型。同一个变量可以被反复赋值。变量的数据类型由它最新被赋的值的类型而定。一个变量可以反复被赋值为不同类型的数据,这也是 Python 被称为动态语言的原因之一。比如:

```
>>> x = 10    # x为整数
>>> x = 10.1 # x为浮点数
>>> x = "我是字符串"
```

一个变量被定义并被赋值过,才能被其他代码访问,否则会抛出命名错误 NameError。比如:

```
>>> stud_name = "孙小明"
>>> stud_name = 孙小明
Traceback (most recent call last):
    File "<pyshell#7>", line 1, in <module>
stud_name = 孙小明
NameError: name '孙小明' is not defined
```

以上代码中,第一行语句将字符串“孙小明”赋值给学生姓名 stud_name,第二行将孙小明赋值给 stud_name,执行时 Python 将孙小明当作一般标识符(变量),并且发现变量孙小明从没有被定义过,因此抛出命名异常 NameError,提醒要访问的变量没被定义过。

需要注意的是,以上赋值语句中的等号(“=”)跟数学意义上的等号是不一样的。比如以下 Python 语句,从数学上理解 x=x+2,是不成立的,但在程序中,x=x+2 为赋值语句,先计算右侧的表达式 x+2,得到结果 12,再将结果赋给变量 x。重新赋值后,x 的值变成 12。

```
x = 10
x = x + 2
```

2. 常量

相比变量,常量表示“不能变”的量。可惜的是,Python 中没有表示常量的关键字。在行业内,常常约定使用大写字母组合的变量名表示常量,也有“不要对其进行赋值”的提醒作用。比如:

```
PI = 3.14159
```

2.2.2 字符串常用操作

1. 字符串定义

字符串就是连续的字符序列,可以是计算机所能表示的一切字符的集合。字符串属于不可变序列，通常使用英文单引号(')、双引号(")或者三引号(''')括起来。三引号内的字符序列的格式在输出时不会发生变化。比如：

```
title = '十一月四日风雨大作'          # 用单引号表示字符串
author = "宋陆游"                    # 用双引号表示字符串
verse = '''僵卧孤村不自哀，
尚思为国戍轮台。
夜阑卧听风吹雨，
铁马冰河入梦来。'''                  #使用三引号表示字符串
print(title)
print(author)
print(verse)
```

运行结果：

```
十一月四日风雨大作
    宋陆游
僵卧孤村不自哀，
尚思为国戍轮台。
夜阑卧听风吹雨，
铁马冰河入梦来。
```

需要注意的是，使用单引号和双引号的字符序列必须在一行上，而三引号内的字符序列可以分布在连续的多行上。

可以使用type函数查看变量的类型。如果是字符串变量，则输出str。

```
>>> word = "大学之道在明明德，在亲民，在止于至善"
>>> print(type(word))
<class 'str'>
```

2.字符串格式化输出

%运算符是一种可以用于字符串格式化的特殊运算符。%ws输出一个字符串，总宽度是w。如果w>0，右对齐；如果w<0，左对齐。如果w宽度小于实际整数所占位数，按实际整数宽度输出。比如：

```
>>> a = 'xyz'
>>> print('|%s|' % a)
|xyz|
>>> print('|%8s|' % a)
|     xyz|
>>> print('|%-8s|' % a)
|xyz     |
```

同时输出多个变量时，使用括号将多个变量括起来。比如：

```
>>> name = "孙小明"
>>> course = "Python 程序设计"
>>> print("%s 爱上%s" % (name, course) )
孙小明爱上 Python 程序设计
```

3. 转义字符

如果要在字符串中输出特殊符号，就需要用到转义字符。由反斜杠“\”加上一个字符或数字组成，它把反斜杠后面的字符或数字转换成特定的意义。

常见的特殊符号有：

\n 表示字符串中的换行；

\\表示字符串中的\；

\0 表示空字符；

\t 表示水平制表符，用于横向跳到下一制表位；

\”表示双引号；

\’表示单引号。

比如：

```
>>> dir = "D:\\abc"
>>> filename = "data.txt"
>>> print("文件路径名：%s\\%s" % (dir, filename))
文件路径名：D:\abc\data.txt
>>> print("黄沙百战穿金甲\n 不破楼兰终不还！")
黄沙百战穿金甲
不破楼兰终不还！
>>> print("Dad said, \"I love you, my son! \"")
Dad said,"I love you, my son!"
```

值得注意的是，这些转义序列是区分大小写的。例如，\n 与\N 不同，而\t 与\T 不同。在代码中使用这些转义序列时，请确保使用正确的大小写。

如果我们不希望字符串中的转义字符起作用，就使用原字符，就是在字符串之前加上 r 或者 R。

```
>>> print(r'伟大\n 中国')
伟大\n 中国
```

4. 字符串连接

使用“+”运算符可以将两个字符串拼接在一起。语法格式为：

```
strname3 = strname1 + strname2
```

其中，strname1 和 strname2 表示要拼接的两个字符串，这两个字符串拼接后会产生第三个字符串 strname3。加号可以拼接字符串和字符串，也可以拼接其他相同类型的两个字符串,但是不能拼接两个数据类型不一致的数据,比如不能将字符串与数值相加。如果要将数值与字符串相加,必须使用 str 函数将数值转化为字符串之后,才跟字符串相加。

比如:

```
>>> str1 = '我今天一共走了'
>>> num = 12098
>>> str2 = '步'
>>> sentence = str1 + str(num) + str2    #str()将数值转化为字符串
>>> print(sentence)
我今天一共走了 12098  步
>>> print("我" + "非常" * 4 + "喜欢运动")
我非常非常非常非常喜欢运动
```

以上第 4 行语句,使用 str 函数将数值 num 转化为字符串,然后再跟其他字符串拼接在一起。最后一行语句,"非常" * 4 表示将"非常" 复制 4 份,然后拼接在一起。

如果直接将字符串与数值相加,会发生什么情况呢? 现在测试一下。

```
>>> "abc" + 4
Traceback (most recent call last):
  File "<pyshell#1>", line 1, in <module>
    "abc" + 4
TypeError: can only concatenate str (not "int") to str
```

以上语句将数值 4 加到字符串 abc 上,执行时发生类型错误 TypeError,提醒只能将字符串添加到字符串,不能够将整数(int)添加到字符串。因此,要将数值与字符串拼接,要先使用 str()将数值转化为字符串再拼接。

5. 字符串切片操作

字符串是有序序列,存放多个字符,每个字符对应于一个顺序号,即索引(index)。

索引有正索引和负索引。正索引从 0 开始递增,即第一个元素的索引值为 0,第二个元素的索引值为 1,依次类推。负索引从 -1 开始计数,即最后一个元素的索引值是 -1,倒数第二个元素的索引值是 -2,依次类推。比如对于字符串"abcdef",其正索引和负索引如下所示。

字符串	a	b	c	d	e	f
正索引	0	1	2	3	4	5
负索引	-6	-5	-4	-3	-2	-1

可以通过索引获取对应位置上的字符,语法格式为:

```
strname[index]
```

比如:

```
>>> text = '我爱祖国'
>>> print(text[0])   #获取第 0 位元素
我
>>> print(text[2])   #获取第 2 位元素
祖
>>> print(text[-1])   #获取最后一位元素
国
```

也可以利用索引，按照一定的规律，从字符串中截取一段字符串，这称为切片操作。语法格式为：

```
strname[start : end : step]
```

其中，各参数意义如下：

(1)start:要截取的第一个字符的索引(包括该字符)，如果不指定，默认为 0。

(2)end:要截取的最后一个字符的索引(不包括该字符)，如果不指定，默认为该字符串总长度。

(3)step:表示切片的步长，如果省略，则默认为 1，当省略时，最后一个冒号也可以省略。

```
>>> text = '我爱祖国'
>>> print(text[1:4])
爱祖国
>>> print(text[-2:])
祖国
>>> print(text[3::-1])
国祖爱我
>>> print(text [1:2])
爱
>>> print(text[:3])
我爱祖
>>> print(text[0:4:2])
我祖
>>> print(text[-3:])
爱祖国
```

在使用索引获取字符串中的字符时，如果索引值超出正常范围，则会抛出异常。比如：

```
>>> text = '我爱祖国'
>>> print(text[4])
```

```
Traceback (most recent call last):
  File "<pyshell#21>", line 1, in <module>
    print(text[4])
IndexError: string index out of range
```

以上代码中，text 共有 4 个字符，索引为 0 至 3。因此，第二行中的索引 4 超出了索引范围，因此执行时抛出索引异常 IndexError。在切片操作中如果索引超出范围，也会抛出相同的异常。

2.2.3 字符串常用方法

1. 检索字符串元素

1)index **方法**

index 方法返回字符串内子字符串的索引。语法格式：

```
strname.index(sub[, start[, end]])
```

各参数意义如下：

sub:要在字符串 strname 中搜索的子字符串。

start 和 end(是可选参数):在 strname [start:end]中搜索子字符串。

如果在指定范围内，strname 中存在 sub，则 index 方法返回 sub 第一次出现的索引。例如：

```
>>> emotion = '热爱祖国，热爱集体，热爱人民'
>>> emotion.index("热爱")
0
>>> emotion.index("热爱",5)
5
>>> emotion.index("热爱",8,13)
10
```

如果 sub 在 strname 中不存在，则会引发 ValueError 异常，提醒子串不存在。例如：

```
>>> emotion = '热爱祖国，热爱集体，热爱人民'
>>> emotion.index("XXX")    # XXX 不存在
Traceback (most recent call last):
  File "<pyshell#1>", line 1, in <module>
    emotion.index("XXX")
ValueError: substring not found
```

2)find **方法**

find 方法用于检测字符串中是否包含子字符串 str，语法格式：

```
strname.find(sub[, start[, end]])
```

各参数意义如下：

sub:要在字符串 strname 中搜索的子字符串。

start 和 end(是可选参数):在 strname [start:end]中搜索子字符串。

如果在指定范围内,strname 中存在 sub,则 find 方法返回 sub 第一次出现的索引,否则返回-1。例如:

```
>>> emotion = '热爱祖国,热爱集体,热爱人民'
>>> emotion. find('热爱')
0
>>> emotion. find('国家')
-1
```

3)rfind 方法

rfind 方法从右侧开始检测字符串中是否包含子字符串 str,语法格式:

```
strname. rfind(sub[, start[, end]] )
```

各参数意义如下:

sub:要在字符串 strname 中搜索的子字符串。

start 和 end(是可选参数):在 strname [start:end]中搜索子字符串。

如果在指定范围内,strname 中存在 sub,则 rfind 方法返回 sub 最后一次出现的索引,否则返回-1。

```
>>> emotion = '热爱祖国,热爱集体,热爱人民'
>>> pos1 = emotion. rfind('热爱')
>>> pos2 = emotion. rfind('国家')
>>> print(pos1, pos2)
11  -1
```

4)startswith 和 endswith 方法

startswith 方法用于检索字符串是否以指定子字符串开头,endswith 方法用于检索字符串是否以指定子字符串结尾。语法格式:

```
strname. startswith(sub[, start[, end]])      #检索是否以子字符串开头
strname. endswith(sub[, start[, end]])        #检索是否以子字符串结尾
```

各参数意义如下:

sub:要在字符串 strname 中搜索的子字符串。

start 和 end(是可选参数):在 strname [start:end]中搜索子字符串。

如果在指定范围内检测到子字符串则返回 True,否则返回 False。

```
>>> emotion =   'd:\\abc\\123. txt'
>>> is_exist = emotion. endswith(' txt ')
>>> print(is_exist)
True
```

5)count 方法

count 方法用于检索指定字符串在另一个字符串中出现的次数。语法格式:

```
strname.count(sub[, start[, end]])
```

各参数意义如下：

sub：要在字符串 strname 中搜索的指定字符串（子字符串）。

start 和 end（是可选参数）：在 strname [start:end]中搜索子字符串。

返回指定字符串在另一个字符串中出现的次数。如果返回 0，则说明指定字符串不存在。

```
>>> emotion = '热爱祖国,热爱集体,热爱人民'
>>> n = emotion.count('热爱')
>>> print(n)
3
```

2. 字母大小写转换

1) upper 方法

upper 方法将字符串中的小写字母转为大写字母。语法格式：

```
strname.upper()
```

返回小写字母转为大写字母的字符串。例如：

```
>>> str1 = 'i love Python'
>>> str2 = str1.upper()
>>> print(str2)
I LOVE PYTHON
```

2) lower 方法

lower 方法将字符串中的大写字母转为小写字母。语法格式：

```
strname.lower ()
```

返回大写字母转为小写字母的字符串。例如：

```
>>> str1 = 'I LOVE PYTHON'
>>> str2 = str1.lower ()
>>> print(str2)
i love python
```

3) capitalize 方法

capitalize 方法将字符串的第一个字符转换为大写。语法格式：

```
strname.capitalize()
```

例如：

```
>>> str1 = 'i love Python'
>>> str2 = str1.capitalize()
>>> print(str2)
I love Python
```

3. 字符串替换

replace 方法为字符串替换方法。语法格式为：

```
strname.replace(old, new[, max])
```

各参数意义如下：

old:将被替换的子字符串。

new:新字符串,用于替换 old 子字符串。

max:可选字符串，替换不超过 max 次。

该方法返回字符串中的 old(旧字符串)替换成 new(新字符串)后生成的新字符串,如果指定第三个参数 max,则替换不超过 max 次。例如：

```
>>> hy = 'abcd'
>>> print(hy.replace('a', 'h'))      #将 a 替换成 h
hbcd
>>> a = 'I love china.'
>>> b = a.replace('c', 'C')          #将 c 替换成 C
>>> print(b)
I love China.
```

4. 字符串元素操作

1)strip 方法

strip 方法用于移除字符串头尾指定的字符(默认为空格或换行符)或字符序列。语法格式：

```
strname.strip([char])
```

其中,char 为要移除字符串头尾指定的字符序列。例如：

```
>>> user = '   sangel 13657897823        '
>>> print(user.strip())
'sangel 13657897823'
>>> user = '0000sangel 1365789782300000'
>>> print(user.strip("0"))
sangel 13657897823
```

注意:该方法只能删除开头或结尾的字符,不能删除中间部分的字符。

2)split 方法

split 方法将字符串按照指定的分隔符分割成一个列表。语法格式：

```
strname.split(sep = None, maxsplit = -1)
```

各参数意义如下：

sep:指定分隔符,如果不设置则默认使用空格作为分隔符。

maxsplit:指定最大分割次数,如果不设置则默认为－1,表示分割所有出现的分隔符。

split 方法返回一个列表，其中包含分割后的字符串。如果分隔符未找到，则返回包含整个字符串的列表。例如：

```
>>>text = input('输入国家名称,以空格间隔:')
输入国家名称,以空格间隔:中国印度朝鲜韩国
>>>countries = text.split()
>>>print(countries)
['中国', '印度', '朝鲜', '韩国']
```

另外，如果分隔符连续出现，则会在列表中生成空字符串。例如，以下代码将字符串按照“-”分隔成一个列表：

```
>>>my_str = "apple-banana-cherry--date"
>>>my_list = my_str.split("-")
>>>print(my_list)
['apple', 'banana', 'cherry', '', 'date']
```

5. 字符串元素检验

1)isalpha 方法

isalpha()方法检测字符串是否只由字母组成。语法格式：

```
strname.isalpha()
```

如果字符串至少有一个字符并且所有字符都是字母则返回 True，否则返回 False。例如：

```
>>>str = "this is string example....wow!!!";
>>>print(str.isalpha())
True

>>> str = "this is 123";
>>> print(str.isalpha())
False
```

2)isdigit 方法

isdigit()方法检测字符串是否只由数字组成，只对 0 和正数有效。语法格式：

```
strname.isdigit()
```

如果字符串只包含数字则返回 True，否则返回 False。例如：

```
>>> str = "123456"   #字符串只包含数字
>>> print (str.isdigit())
True
```

```
>>> str = "this is string example....wow!!!"
>>> print (str.isdigit())
False

>>> str = "0"
>>> print (str.isdigit())
True

>>> str = "-1"
>>> print (str.isdigit())
False
```

3)isnumeric 方法

isnumeric()方法检测字符串是否只由数字组成。这种方法只针对数字字符(包含罗马数字、中文数字等)。语法格式：

```
strname.isnumeric()
```

如果字符串中只包含数字字符(包含罗马数字、中文数字等),则返回 True;否则返回 False。例如：

```
>>> str = "this2009"
>>> print(str.isnumeric())
False

>>> str = "2009"
>>> print(str.isnumeric())
True

>>> str = "3.14"
>>> print(str.isnumeric())
False

>>> str = "一二三四"
>>> print(str.isnumeric())
True

>>> str = "壹贰叁"
>>> print(str.isnumeric())
True
```

4)isalnum 方法

isalnum()方法检测字符串是否由字母和数字(包含罗马数字、中文数字等)组成。语法格式:

```
strname. isalnum ()
```

如果字符串至少有一个字符并且所有字符都是字母或数字(包含罗马数字、中文数字等),则返回 True;否则返回 False。例如:

```
>>> str = "this is 2024";          #有空格
>>> print(str.isalnum())
False

>>> str = "thisis2024";            #无空格,只有数字和字母
>>> print(str.isalnum())
True

>>> str = "这是一二三四";
>>> print(str.isalnum())
True
```

5)islower 方法

islower 方法检测字符串是否由小写字母组成。语法格式:

```
strname.islower()
```

如果字符串中包含至少一个区分大小写的字符,并且所有这些(区分大小写的)字符都是小写,则返回 True;否则返回 False。例如:

```
>>> str = "THIS is string example....wow!!!"
>>> print(str.islower())
False

>>> str = "this is string example....wow!!!"
>>> print(str.islower())
True
```

6)isspace 方法

isspace 方法检测字符串是否只由空格组成。语法格式:

```
strname. isspace()
```

如果字符串中只包含空格,则返回 True;否则返回 False。例如:

```
>>> str = "        "
>>> print(str.isspace())
True
```

```
>>> str = "This is string example....wow!!!"
>>> print(str.isspace())
False
```

2.2.4 任务实现

在实施任务之前,要先了解身份证号码的编码方式。

如图2-1所示,身份证号码规则:前1、2位数字表示所在省份的代码;第3、4位数字表示所在城市的代码;第5、6位数字表示所在区县的代码;第7～14位数字表示出生年、月、日;第15、16位数字表示同一地址辖区内同年同月同日出生的顺序码;第17位数字表示性别,即奇数表示男性,偶数表示女性;第18位数字是校验码,也有人说是个人信息码,一般是计算机随机产生的,用来检验身份证的正确性。

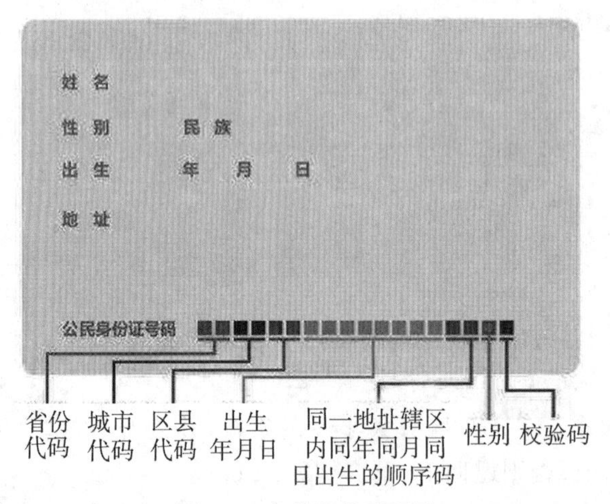

图2-1 身份证号码规则

本任务实现过程可以参考以下操作:

(1)使用input函数输入一个身份证号码,并保存在字符串变量card中。

(2)根据身份证号码规则从card中提取年、月、日子串,并使用int函数将其转化为数字。

(3)根据当年年份,计算年龄。

(4)使用print函数输出生日和年龄。

参考代码:

```
#程序功能:由身份证号码提取生日,并计算年龄
#输入姓名和身份证号码
name = input("请输入你的名字:")
card = input("请输入你的身份证号码:")

#获取年、月、日子串,属于字符串
```

```
year_str = card[6:10]    #第6至8位为年份
month_str = card[10:12]
day_str = card[12:14]

#使用int函数将年、月、日字符串转化为整数
year = int(year_str)
month = int(month_str)
day = int(day_str)

#计算年龄。假设当年为2023年
age = 2023-year

#输出生日和年龄
print("%s的生日是%d年%d月%d日" %(name, year, month, day))
print("你的年龄是%d" % age)
```

小结

字符串是程序中最常用的一种数据类型,字符串可以包含中文与英文等任何字符,熟练掌握字符串的基本操作是本项目的主要学习目标。本项目主要知识点有:

(1)字符串长度:len()。

(2)截取字符串:string(start:end:step)。

(3)检索字符串:find(),rfind(),startswith(),endswith(),count()。

(4)字母大小写转换和字符串替换:lower(),upper(),capitalize(),replace()。

(5)格式化字符串:(%s)%variable   {:s}.format()。

(6)删除字符串头尾部空格:strip()。

(7)字符串生成列表:split()。

(8)字符串元素检验:isalnum(),isalpha(),isdigit(),islower(),isnumeric(),isspace()。

实训:日期格式转化

1.实训目标

(1)熟悉字符串常用操作。

(2)调用字符串的方法,对字符串进行操作。

2.需求说明

将用户输入的日期(格式为YYYY/MM/DD,比如2023/09/29)转化为新格式(YYYY年MM月DD日)。允许用户在输入日期前后多输入空格。

3. 实训步骤

(1)使用 input 语句输入日期(格式为 YYYY/MM/DD,比如 2023/09/29)。

(2)使用字符串 strip 方法去除输入的空格。

(3)提取输入中的年、月、日。

(4)按格式要求输出。

习题

一、选择题

1. 下列选项中可访问字符串 s 从右侧向左第三个字符的是(　　)。

A. s[3]　　B. s[:-3]　　C. s[-3]　　D. s[0:-3]

2. a='abcd',若想将 a 变为 'ebcd',则下列语句正确的是(　　)。

A. a[0]='e'　　B. a.replace('a','e')　　C. a[1]='e'　　D. a='e'+a[1:]

3. len("abc")的长度是 3,len("老师好")的长度是(　　)。

A. 1　　B. 3　　C. 6　　D. 9

4. 给出如下代码:

```
s='Python is beautiful!'
```

输出“Python”的是(　　)。

A. print(s[0:6].lower())　　B. print(s[:-14])

C. print(s[0:6])　　D. print(s[-21:-14].lower())

5. 给出如下代码:

```
s="Alice"
print(s[::-1])
```

上述代码的输出结果是(　　)。

A. ecilA　　B. ALICE　　C. Alice　　D. Alic

6. 给出如下代码:

```
s= "abcdefghijklmn"
print(s[1:10:3])
```

上述代码的输出结果是(　　)。

A. behk　　B. adgj　　C. beh　　D. adg

7. 下面代码的输出结果是(　　)。

```
s="The Python language is a cross platform language."
print(s.find('language',30))
```

A. 系统报错　　B. 40　　C. 11　　D. 10

8. 下面代码的输出结果是(　　)。

```
s="The Python language is a multimodel language."
print(s.split(''))
```

A. ThePythonlanguageisamultimodellanguage.

B. ['The', 'Python', 'language', 'is', 'a', 'multimodel', 'language.']

C. The Python language is a multimodel language.

D. 系统报错

9. 下面代码的输出结果是(　　)。

```
a="alex"
b=a.capitalize()
print(a,end=",")
print(b)
```

A. alex,ALEX　　B. ALEX,alex　　C. alex,Alex　　D. Alex,Alex

10. 下面代码的输出结果是(　　)。

```
str1="mysqlsqlserverPostgresQL"
str2="sql"
ncount=str1.count(str2)
print(ncount)
```

A. 2　　B. 5　　C. 4　　D. 3

11. 字符串'Hi,Andy'中,字符'A'对应的下标位置为(　　)。

A. 1　　B. 2　　C. 3　　D. 4

12. 能够返回某个子串在字符串中出现次数的方法是(　　)。

A. length　　B. index　　C. count　　D. find

13. 能够让所有单词的首字母变成大写的方法是(　　)。

A. capitalize　　B. title　　C. upper　　D. ljust

14. 字符串是一个连续的字符序列,用(　　)方式可以打印出换行的字符串。

A. 转义符\　　B. \n　　C. 空格　　D. "\换行"

15. 在 print 函数的输出字符串中可以将(　　)作为参数,代表后面指定要输出的一个字符。

A. %d　　B. %c　　C. %t　　D. %s

二、判断题

1. Python 运算符%不仅可以用来求余数,还可以用来格式化字符串。(　　)

2. Python 字符串方法 replace()对字符串进行原地修改。(　　)

3. 如果需要连接大量字符串成为一个字符串,那么使用字符串对象的 join()方法比运算符+具有更高的效率。(　　)

4. 无论使用单引号或者双引号包含的字符串,全用 print 函数输出的结果都一样。(　　)

5. Python 中单个字符也属于字符串类型。(　　)

6. 使用下标可以访问字符串中的每一个字符。(　　)

7. Python 中字符串的下标是从 1 开始的。(　　)

8. 字符串的切片选取的区间范围是从起始位置开始,到结束位置结束。(　　)

9. 如果 index 函数没有在字符串中找到子串，则会返回－1。(　　)

10. Python 中字符串数据类型是不可变数据类型。(　　)

三、编程题

1. 输入一个字符串，将其中的字符反着输出，比如输入“hello”，输出“olleh”。

2. 从请求地址中提取出用户名和域名。比如从 http://www.163.com? userName=admin&pwd=23456 中提取用户名 admin 和域名 http://www.163.com。

任务 2.3　由三条边计算三角形面积

任务描述

已知三条边的边长，计算三角形的面积。面积计算公式可采用海伦公式：

$$S=\sqrt{p(p-a)(p-b)(p-c)}$$

其中，a，b 和 c 为三条边的边长；p 为周长的一半，即 $p=(a+b+c)\ /\ 2$。

任务分析

(1)设置输入语句，输入三角形三条边的边长。

(2)利用海伦公式计算周长和面积。这里涉及数值类型及运算、数学函数的调用。

(3)输出计算结果。

2.3.1　数值类型

在 Python 语言中，数值类型用于保存使用数字记录的信息，比如企业销售数据、景区游客接待量、考试成绩……

数值类型是不可改变的数据类型，如果要修改数值类型变量值，会先把该值放在内存中，然后修改变量让其指向新的内存地址。

数值类型主要有整数、浮点数、复数(一个复数，实部为 3.14，虚部为 12.5，则这个复数为 3.14＋12.5j)。

1. 整数(int)

1)整数介绍

整数用来表示整数数值，即没有小数部分的数值，比如：

```
31415926535783748938234
666666666666666666666666666666666666666666666666
－2018
0
```

可以使用int函数将数值字符串转化为整数，比如：

```
>>> id = '22110713'              #学生学号
>>> print(id, type(id))          #输出数据类型
22110713 <class 'str'>
>>> id = int(id)                 #将字符串转化为整数
>>> print(id, type(id))          #重新输出数据类型
22110713 <class 'int'>
```

2）整数格式化输出

用%d输出一个整数（如果不是整数，会自动转换），比如：

```
>>> m = 12.5
>>> print("%d" % m)
12
```

用%wd输出一个整数，宽度为w。当$w>0$时，右对齐；当$w<0$时，左对齐；如w小于整数实际所占位数，按整数实际宽度输出。

```
>>> m = 138
>>> print("|%5d|" % m)
|  138|
>>> print("|%-5d|" % m)
|138  |
```

用%0wd输出一个整数。当$w>0$时，如果整数实际长度小于w，左边用0补充；当$w<0$时，无须补充0。

```
>>>m = 279
>>>print("|%05d|" % m)
|00279|
>>>print("|%-05d|" % m)
|279  |
```

【例1】 输出日期和时间，输出格式要求：Time:yyyy-mm-dd hh:mm:ss。

```
year = 2023     #年
month = 1       #月
day = 1         #日
hour = 9        #时
minute = 15     #分
second = 0      #秒
print("Time:%04d-%02d-%02d %02d:%02d:%02d" %( year, month,
day, hour, minute, second))
```

执行后输出：

```
Time:2023-01-01 09:15:00
```

2. 浮点数(float)

1)浮点数介绍

浮点数由整数部分和小数部分组成，主要用于处理包括小数的数，比如：

```
2.0
0.5
-1.732
3.1415926535897932384626
……
```

浮点数也可以使用科学计数法表示，例如：

```
2.7e2
-3.14e5
6.16e-2。
```

在 Python 中，浮点数数据类型表示为 float。

```
>>> pi = 3.14
>>> print(type(pi))          # type 函数返回变量的类型
<class 'float'>
```

2)浮点数格式化输出

%f 输出一个浮点数，输出 6 位小数点，位数不够补 0，位数超过则四舍五入。例如：

```
>>> h = 15.45789
>>> print("|%f|" % h)
|15.457890|
```

%w.pf 输出一个浮点数，总宽度是 w，小数位占 p 位(四舍五入，如果 p=0，则不输出小数位)。如果 w>0，右对齐；w<0，左对齐；如果 w 宽度小于实际整数所占位数，按实际整数宽度输出。例如：

```
>>> h = 15.45789
>>> print("|%8.2f|" % h)
|   15.46|
>>> print("|%-8.2f|" % h)
|15.46   |
>>> print("|%8.0f|" % h)
|      15|
```

2.3.2 算术运算符

算术运算符主要用于执行加减乘除、取余、整除、求幂等基本数学运算。(见表 2-1)

表 2-1 常见算术运算符

运算符	说明	实例	结果
+	加	12+12	24
-	减	456-256	200
*	乘	5 * 3.6	18.0
/	除	7 / 2	3.5
%	求余,返回除法的余数	7 % 2	1
//	取整除,返回商的整数部分	7 // 2	3
**	幂,返回 x 的 y 次方	2 ** 4	16

【例 2】 某同学 3 门课程成绩如表 2-2 所示,计算 Python 和 GIS 应用课程分数差和三门课程平均分。

表 2-2 某同学 3 门课程成绩

课程	成绩
Python	95
GIS 应用	92
测绘基础	89

代码:

```
Python = 95
gis = 92
survey = 89        #测绘基础成绩
diff = Python - gis
avg = (Python + gis + survey) / 3
print("Python 和 GIS 应用课程的分数差:%d 分" % diff)
print("三门课的平均分:%.1f 分" % avg)
```

执行后输出:

```
Python 和 GIS 应用课程的分数差:3 分
三门课的平均分:92.0 分
```

【例 3】 每天进步一点点,一年能进步多少?

代码:

```
me = 1
me = me * (1 + 0.01) ** 365        #每天进步 1%
print('一年后的我是现在的%.2f 倍' % me)
```

执行后输出:

```
一年后的我是现在的 37.78 倍
```

【例 4】 每天退步一点点,一年能剩下多少?

代码:

```
me = 1
me = me * (1 - 0.01) * * 365        #每天退步 1%
print('一年后的我是现在的%.2f' % me)
```

执行后输出:

```
一年后的我是现在的 0.03
```

2.3.3 赋值运算符

赋值运算符主要用来为变量等赋值。赋值运算符如表 2-3 所示。

表 2-3 赋值运算符

运算符	说明	实例	展开形式	X 结果(X=2,Y=3)
=	简单赋值运算	X=Y	X=Y	X=3
+=	加赋值	X+=Y	X=X+Y	X=5
-+	减赋值	X-=Y	X=X-Y	X=-1
*=	乘赋值	X*=Y	X=X*Y	X=6
/=	除赋值	X/=Y	X=X/Y	X=0.667
%=	取余数赋值	X%=Y	X=X%Y	X=2
* *=	幂赋值	X* *=Y	X=X* *Y	X=8
//=	取整除赋值	X//=Y	X=X//Y	X=0

主要有以下四种赋值形式:

(1)复合赋值:

```
>>> a = 2
>>> a * = 4
>>> print (a)
8
```

(2)对多个变量赋同一值:

```
>>> a = b = 2
>>> print(a, b)
2 2
```

(3)对多个变量同时赋值:

```
>>> a, b = 1, 2
>>> print(a, b)
1 2
```

(4)可用于字符串：

```
>>> a, b, c = "xyz"
>>> print(a, b, c)
x y z
```

【例5】 交换两个变量的值。

可以使用临时变量的方法实现两个数值的交换。

```
x = 2
y = 3
t = y      #临时变量
y = x
x = t
print(x , y)
```

不使用临时变量,这也是Python的特色。

```
x = 2
y = 3
x, y = y, x
print(x , y)
```

2.3.4 数学函数

1. 内置数学函数

1)abs(x)

abs函数返回x的绝对值。例如：

```
>>> x = -0.12345
>>> y = abs(x)
>>> print("x的绝对值", y)
x的绝对值 0.12345
```

2)round(number[,ndigits])

round函数返回number近似值,ndigits决定小数点位数。例如：

```
>>> x = -0.12345
>>> y = abs(x)
>>> print("x的近似值", y)
x的近似值 -0.12
```

2. math数学库

要使用math库,先用import导入：

```
import math
```

1)常见 math 算术函数

math.fabs(x):返回 x 绝对值,如 math.fabs(－10) 返回 10.0。

math.ceil(x):返回一个大于或等于 x 的最小整数,如 math.ceil(4.1) 返回 5。

math.floor(x):返回 x 向下舍入整数,即向下取整,如 math.floor(4.9)返回 4。

math.min(x,y,…):返回给定参数的最小值,如 math.min(1,2,3) 返回 1。

math.max(x,y,…):返回给定参数的最大值,如 math.max(1,2,3) 返回 3。

math.sqrt(x):返回数字 x 的算术平方根,如 math.sqrt(4) 返回 2。

math.exp(x):返回 e 的 x 次幂。

• math.log(x,y):返回 x 的自然对数,以 y 为基数,y 默认值为 e,如 math.log(100,10)返回 2.0。

【例 6】 已知直角三角形两条边,计算斜边长。

```
import math   #导入 math 库
a = 3    #第一条直角边边长
b = 4    #第二条直角边边长
#根据勾股定律计算斜边长
c = math.sqrt(a * a + b * b)
print("斜边长%.2f" % c)
```

2)常见 math 三角函数

math.pi:返回 pi 的具体值。

math.radians(x):将 x 由度转化为弧度,如 math.radians(180) 返回 3.1415。

math.degrees(x):将 x 由弧度转化为度,如 math.degrees(3.14159)返回 179.99。

math.sin(x):返回 x 的 sin 值,x 单位为弧度,如 math.sin(math.pi/6) 返回 0.5。

math.cos(x)、math.tan(x):返回 x 的 cos 值、tan 值。

math.atan(x):返回 x 的反正切值,以弧度为单位,结果范围在－pi/2 到 pi/2 之间。

math.atan2(y, x):返回给定的 y 及 x 坐标值的反正切值 ,以弧度为单位,结果在－pi 和 pi 之间。

【例 7】 已知两点坐标,计算角度。

代码:

```
import math
x1 = 1
y1 = 2
x2 = 4
y2 = -1
dx = x2 - x1
dy = y2 - y1
angle = math.atan2(dy, dx)   #范围[-pi,pi]
```

```
angle = math.degrees(angle)  #范围[-180,180]
if angle <0:      #将负值转化为正值
angle += 360
print("角度:", angle)
```

执行后输出：

```
角度:315.0
```

2.3.5 input 函数

input 函数用于接收用户从键盘输入的内容，实现人机交互。语法格式为：

```
input([提醒文字])
```

input 函数返回字符串，使用 int()和 float()将返回数据转换为整数或者实数。

【例 8】 输入两个整数，计算两数之和。

代码：

```
value1 = input("请输入整数 1:")
value1 = int(value1)
value2 = input("请输入整数 2:")
value2 = int(value2)
total = value1 + value2
print("两数之和:", total)
```

执行后输出：

```
请输入整数 1:1
请输入整数 2:2
两数之和:3
```

以上代码可以优化为：

```
value1 = int(input("请输入整数 1:"))
value2 = int(input("请输入整数 2:"))
total = value1 + value2
print("两数之和:", total)
```

【例 9】 输入姓名、年龄和身高，并格式化输出个人信息。

代码：

```
name = input("请输入你的姓名:")
age = int(input("请输入你的年龄:"))
height = float(input("请输入你的身高(单位米):"))
print("你姓名%s,年龄%d 岁,身高%.2f 米。" % (name, age, height))
```

执行后输出：

```
请输入你的姓名:张小明
```

```
请输入你的年龄:19
请输入你的身高(单位米) :1.72
你姓名张小明,年龄 19 岁,身高 1.72 米。
```

2.3.6 任务实现

根据任务分析,可以按以下步骤实施:

(1)使用 input 函数输入三条边边长,存储到变量 a,b 和 c。

(2)计算周长的一半 p,即 $p=(a+b+c) / 2$。

(3)计算面积 $S=\sqrt{p(p-a)(p-b)(p-c)}$,其中开方根要使用 math 库中的 sqrt 函数。

(4)输出计算结果。

参考代码:

```
import math

print("————根据海伦公式计算三角形面积—————")
a = float(input("请输入第一条边长(米):"))
b = float(input("请输入第二条边长(米):"))
c = float(input("请输入第三条边长(米):"))

#根据海伦公式计算三角形面积
p = (a + b + c) / 2  #周长
s = math.sqrt(p * (p - a) * (p - b) * (p - c))  #面积

#输出计算结果
print("三角形的面积:%.2f" %s)
```

小结

本任务主要学习数值类型及其有关运算和函数,主要包括以下内容:

(1)数值类型包含整数 int、实数 float 和复数 complex。使用 type(x)可以获取 x 的数据类型;使用 int(x)、float(x)将其他数据类型转化为整数、实数。

(2)赋值运算包括简单赋值运算和复合赋值运算。可以将多个数值同时赋给多个变量,比如 x, y=1,2;交换两个变量的值,比如 x, y=y, x;将同一个数值赋给多个变量,比如 x=y=1。

(3)数学函数有内置数学函数和 math 库。内置函数有 abs(x)、round(n);math 库有常见的算术函数和三角函数。使用前要使用 import 语句导入 math 库。

(4)input()用于接收用户从键盘输入的内容,实现人机交互。input()返回的数据类型都为字符串,可使用 int()、float()将返回的字符串转化为整数、实数。

实训：停车费计算

1. 实训目标

(1)使用数值类型进行数学运算。

(2)使用数学函数进行运算。

2. 需求说明

模拟停车场收费系统计算，根据停车时间计算停车费用。停车场规定停车按小时收费，如2.6小时超过2小时不满3小时也按3小时收费，每小时收费5元。

3. 实训步骤

(1)用input接收用户输入的具体停车小时(浮点数)。

(2)使用数学函数获取停车计费的小时数。

(3)计算停车费。

(4)输出停车费。

习题

一、选择题

1. 下列表达式中，值不是1的是(　　)。

A. 4//3　　B. 15 % 2　　C. 16 ^ 0　　D. ~1

2. 下列属于math库中数学函数的是(　　)。

A. time()　　B. round()　　C. sqrt()　　D. random()

3. print(0-25 * 3 % 4)应该输出(　　)。

A. 1　　B. 97　　C. 25　　D. 0

4. 利用print()格式化输出，能够控制浮点数的小数点后两位输出的是(　　)。

A. {.2}　　B. {:.2f}　　C. {:.2}　　D. {.2f}

5. 用(　　)函数接收用户输入的数据。

A. accept()　　B. input()　　C. readline()　　D. login()

6. 下面代码的输出结果是(　　)。

```
x = 12.34
print(type(x))
```

A. <class 'int'>　　B. <class 'float'>

C. <class 'bool'>　　D. <class 'complex'>

7. 关于赋值语句，以下选项中描述错误的是(　　)。

A. 在Python语言中，有一种赋值语句，可以同时给多个变量赋值

B. 设x="alice";y="kate"，执行x,y=y,x可以实现变量x和y值的互换

C. 设a=10;b=20，执行

```
a,b=a, a+b
print(a,b)
```

和

```
a=b
b=a+b
print(a,b)
```

之后，得到同样的输出结果：10 30

D. 在 Python 语言中，“=”表示赋值，即将“=”右侧的计算结果赋值给左侧变量，包含“=”的语句称为赋值语句

8. 关于 Python 语言的浮点数类型，以下选项中描述错误的是(　　)。

A. 浮点数类型表示带有小数的类型

B. Python 语言要求所有浮点数必须带有小数部分

C. 小数部分不可以为 0

D. 浮点数类型与数学中实数的概念一致

9. 下面代码的输出结果是(　　)。

```
a = 4.2e - 1
b = 1.3e2
print(a + b)
```

A. 130.042　　B. 5.5E31　　C. 130.42　　D. 500

10. 以下语句输出(　　)。

```
x = 12.34
print(type(x))
```

A. <class 'int'>　　B. <class 'float'>

C. <class'bool'>　　D. <class 'complex'>

11. 关于 Python 语句 P=-P，以下选项中描述正确的是(　　)。

A. P 和 P 的负数相等　　B. P 和 P 的绝对值相等

C. 给 P 赋值为它的负数　　D. P 的值为 0

12. 关于 Python 语言的数值操作符，以下选项中描述错误的是(　　)。

A. x//y 表示 x 与 y 之整数商，即不大于 x 与 y 之商的最大整数

B. x * * y 表示 x 的 y 次幂，其中，y 必须是整数

C. x%y 表示 x 与 y 之商的余数，也称为模运算

D. x/y 表示 x 与 y 之商

二、判断题

1. input 函数无论接收任何数据，都会以字符串的方式进行保存。(　　)

2. 已知 x=3，那么执行语句 x+=6 之后，x 的内存地址不变。(　　)

3. 3+4j 是合法的 Python 数字类型。(　　)

4. Python 运算符%不仅可以用来求余数，还可以用来格式化字符串。(　　)

5. math.sin(30)返回值为 0.5。(　　)

三、编程题

1. 输入圆柱体底面半径和高，计算圆柱体的表面积和体积，结果保留两位小数。

2. 模拟超市抹零结账行为，首先输入两个商品价格，计算总费用，抹零后输出。

项目3
流程控制

项目描述

Python 语言有三种基本结构，分别为顺序结构、选择结构和循环结构。其中，顺序结构比较简单，按照代码的顺序逐行运行；选择结构，如果符合选择条件，则执行相应的代码；循环结构，如果符合循环条件，则继续进入循环体，直到循环条件不符合。在流程控制中，还有异常处理语句，可以捕捉并处理各种异常，避免程序因为异常而终止。本项目详细介绍判断语句、循环语句、异常处理语句等内容。

学习目标

(1)掌握判断语句、循环语句的使用。
(2)学会分析业务，提炼关键信息，选择适宜的流程结构来完成。
(3)掌握异常处理技术，能够处理一些常见的异常。

素质目标

(1)培养学生的逻辑思维和抽象思维能力。
(2)培养学生创新意识和探究精神。
(3)业精于勤，荒于嬉。学习贵在坚持和积累，贵在潜移默化。
(4)防患于未然，对未来可能出现的风险点进行估算并采取预防措施。

任务 3.1 一元二次方程求解

任务描述

编写程序求解一元二次方程。输入方程 $ax^2+bx+c=0(a\neq 0)$ 的三个参数 a、b、c，输出该方程的解。

方程求解思路：一元二次方程是指化简后，只含有一个未知数(一元)，并且未知数的最高次数是 2(二次)的整式方程，一元二次方程的一般形式是 $ax^2+bx+c=0(a\neq 0)$。其中：ax^2 是二次项，a 是二次项系数；bx 是一次项，b 是一次项系数；c 是常数项。

方程： $$ax^2+bx+c=0(a\neq 0)$$

求解：

(1) $b^2-4ac<0$，方程无实根；

(2) $b^2-4ac=0$，方程有两个相同实根，$x_1=x_2=-\dfrac{b}{2a}$；

(3) $b^2-4ac>0$，方程有两个不同实根，$x_1=\dfrac{-b+\sqrt{b^2-4ac}}{2a}$，$x_2=\dfrac{-b-\sqrt{b^2-4ac}}{2a}$。

任务分析

(1)启动程序后，用户输入二次项系数 a、一次项系数 b、常数项系数 c。

(2)计算 b^2-4ac 的值。

(3)利用多分支选择语句判断求解的三种情况(见任务描述)。

(4)输出一元二次方程的解。

3.1.1 比较运算符

在计算机编程语言中，比较运算符可以用来表示两个数据或者变量之间的关系，因此比较运算符又称关系运算符。比较运算符可用于数据之间的比较，通常的用法是比较两个数值的大小，也可以用于比较字符串或对象的值是否相同。

比较运算符在 Python 程序中经常会使用到，它有助于程序更好地执行，改进用户体验。比较运算符的类型主要有 6 种(见表 3-1)：等于(==)、不等于(!=)、大于(>)、大于等于(>=)、小于(<)和小于等于(<=)。比较运算符的返回值是 bool 型，即只有 True 和 False (真和假)两种可能的取值。

表 3-1　比较运算符功能介绍

运算符	功能	示例
等于	比较两个对象是否相等	1＝＝1 返回 True 1＝＝2 返回 False
不等于	比较两个对象是否不相等	1！＝2 返回 True 1！＝1 返回 False
大于	返回第一个对象是否大于第二个对象	2＞1 返回 True 1＞2 返回 False
小于	返回第一个对象是否小于第二个对象	1＜2 返回 True 2＜1 返回 False
大于等于	返回第一个对象是否大于等于第二个对象	2＞＝1 返回 True 1＞＝2 返回 False
小于等于	返回第一个对象是否小于等于第二个对象	1＜＝2 返回 True 2＞＝1 返回 False

具体应用说明如下：

(1)等于运算符：又称为相等运算符，表示两个变量或者数据之间的相等关系，符号为“＝＝”。例如：

```
>>> a = 5
>>> b = 5
>>> a == b
True
```

意思是 a 等于 b，结果为真，输出 True。

(2)不等于运算符：又称为不相等运算符，表示两个变量或者数据之间的不相等关系，符号为“！＝”。例如：

```
>>> a = 5
>>> b = 6
>>> a != b
True
```

意思是 a 不等于 b，结果为真，输出 True。

(3)大于运算符：又称为大于号运算符，表示一个变量或者数据大于另一个变量或者数据的关系，符号为“＞”。例如：

```
>>>a = 6
>>>b = 5
>>>a > b
True
```

意思是 a 大于 b，结果为真，输出 True。

(4)小于运算符：又称为小于号运算符，表示一个变量或者数据小于另一个变量或者数据的关系，符号为“<”。例如：

```
>>>a = 5
>>>b = 6
>>>a < b
True
```

意思是 a 小于 b，结果为真，输出 True。

(5)大于等于运算符：又称为不小于号运算符，表示一个变量或者数据不小于另一个变量或者数据的关系，符号为“>=”。例如：

```
>>>a = 5
>>>b = 6
>>>a> = b
False
```

意思是 a 大于等于 b，结果为假，输出 False。

(6)小于等于运算符：又称为不大于号运算符，表示一个变量或者数据不大于另一个变量或者数据的关系，符号为“<=”。例如：

```
>>>a = 5
>>>b = 6
>>>a< = b
True
```

意思是 a 小于等于 b，结果为真，输出 True。

以上是比较运算符的 6 种基本类型，它们是编程语言中的一个重要元素。比较运算符在计算机编程中有着重要的作用，但是要正确使用它们才能得到正确的结果，因此，在使用比较运算符之前要仔细检查，避免出现错误。比如在比较两个变量的时候，比较运算符两边都要有变量，不能误写一边有变量一边没有或者两边都没有变量。当比较两个数据时，也要确保只有一方有变量，不能两边都有变量。另外，在使用比较运算符时，如果只有一个变量，要确保变量前后不能有空格，因为空格会把变量和比较运算符分开，运算的结果也会不一样。此外，字符串也可比较大小，这时比较的是字符串在计算机中的编码顺序，比如可能是 ASCII(美国信息交换标准代码)或 utf-8 编码。

3.1.2 逻辑运算符

Python 中的逻辑运算符是编写条件语句、循环控制语句等的基础，它们用于对布尔类型的值进行组合和比较，以实现复杂的逻辑判断。在实际应用中，常用到 and(与)、or(或)、not(非)这三种逻辑运算符。正确理解它们的优先级、结合性和独特性，有助于编写高效、可读性强的程序代码。(见表 3-2)

表 3-2　逻辑运算符功能介绍

运 算 符	功　能	示　例
and	判断多个条件是否同时成立，只有当所有条件都成立时，才返回 True；否则返回 False	2>1 and 3>1 返回 True 2>1 and 1>3 返回 False
or	判断多个条件中是否有一个成立。只要有任意一个条件成立，就返回 True；否则返回 False	2>1 or 3<1 返回 True 2<1 and 1>3 返回 False
not	对一个条件进行取反操作，如果条件成立，返回 False；否则返回 True	not 1>2 返回 True not 2>1 返回 False

（1）与运算符（and）：又称逻辑与运算符，用于判断多个条件是否同时成立。and 运算符的作用是将 x and y 中的 x 和 y 做并列运算，如果 x 和 y 的结果都为 True，则返回值为 True；如果 x 和 y 有任意一个结果为 False，则返回值为 False。例如：

```
>>>5>1 and 1<4
True
```

意思是 and 左侧 5 大于 1，表达式结果为真；and 右侧 1 小于 4，表达式结果为真；两侧均为真，输出 True。又如：

```
>>>5>1 and 1>4
False
```

意思是 and 左侧 5 大于 1，表达式结果为真；and 右侧 1 大于 4，表达式结果为假；两侧只要有一侧为假，输出 False。再如：

```
>>>5 and 1
1
```

意思是 and 左侧 5 不等于 0，表达式结果为真；and 右侧 1 不等于 0，表达式结果为真；取后者，即左侧条件满足为真后，当右侧条件为真时，取右侧结果，输出 1。注意，在此类表达中，数字 0 的判断结果为假，如 0 and 5，输出 0，5 and 0，输出 0。与 0 相同结果的还有空字符、空列表、空元组、None 等。如 5>1 and 4，则输出 4。

（2）或运算符（or）：又称逻辑或运算符，用于判断多个条件中是否有一个成立。or 运算符的作用是判断 x or y 中只要 x 和 y 两个条件有任意一个为 True，那么整体结果就为 True，否则返回 False。例如：

```
>>>5>1 or 4<1
True
```

意思是 or 左侧 5 大于 1，表达式结果为真；or 右侧 4 小于 1，表达式结果为假；左侧为真，输出 True。又如：

```
>>>1>5 or 1>4
False
```

意思是 or 左侧 1 大于 5，表达式结果为假；or 右侧 1 大于 4，表达式结果为假；两侧均为假，输出 False。

程序示例：

```
>>>5 or 1
5
```

意思是 or 左侧 5 不等于 0，表达式结果为真；or 右侧 1 不等于 0，表达式结果为真；取前者，即只要有一侧条件满足为真时，取该侧结果，输出 5，相反 1 or 5，输出 1。注意，在此类表达中，数字 0 的判断结果为假，如 0 or 5 或者 5 or 0，均输出 5。与 0 相同结果的还有空字符、空列表、空元组、None 等。如 5>1 or 4，则输出 True。

（3）非运算符（not）：又称逻辑非运算符，用于对一个条件进行取反操作，非真即假，非假即真。如果条件成立，则返回 False；否则返回 True。例如：

```
>>>not 4<3
True
```

意思是 4<3 的判断结果为假，输出 True。

程序示例：

```
>>>not 4>1
False
```

意思是 4>1 的判断结果为真，输出 False。

程序示例：

```
>>>not 1
False
```

意思是 1 非 0，判断结果为真，其反向为假，输出 False。

除了解逻辑运算符的使用方法外，还需要注意 not、and 和 or 在运算过程中的优先级，以保证逻辑运算符的正确性。not 的优先级最高，其次是 and，or 的优先级最低。当表达式中同时包含 not、and 和 or 时，not 会先被计算，然后是 and，最后是 or。

程序示例：

```
>>>3 or 4>1 and not 5
3
```

根据优先级，首先判断 not 5 为 False，此时 and 的左侧为 4>1（True），右侧 False，结果为 False，最后一层级 3 or False，输出 3。

程序示例：

```
>>>4>1 and 3>1 and 3 or 4<1 and 3>1
3
```

根据优先级，首先判断 4>1 and 3>1 的结果（True），继续判断第二层级 True and 3 的判断结果（3），第三层级 4<1 and 3>1（False），最后一个层级 3 or False，输出结果 3。

3.1.3 单分支 if 语句

Python 条件选择语句是一种控制程序流程的语句，它可以根据某个条件是否满足而执行不同的代码块。在现实生活当中，存在很多选择，如在高速公路上选择不同的出口，高中生毕业后选报不同的大学院校等。常用的条件选择语句有 if、else、elif 等。if 是最常用的流程控制语句，语法形式如下：

```
if 条件表达式：
    语句块      #表达式为真时执行的代码块
```

它的功能是当条件表达式的运算结果为 True 时，执行其下语句块，否则跳过 if 语句。条件表达式是运算结果为逻辑值的表达式。逻辑值（类型名为 bool）只有 True（真）和 False（假）两个取值。例如在妇女节户外活动报名时，要求女性且年满 14 周岁（妇女是指 14 岁（含）以上的女性，而未满 14 岁的女孩称为儿童）才允许报名，可以使用单分支 if 语句进行报名资格的判断，程序示例如下：

```
#变量 gender 赋值性别，变量 age 代表年龄
if gender = "女" and age>=14:
    print("符合报名条件!")
```

由以上例子可以看出，单分支 if 语句在执行过程中首先判断条件测试操作的结果，当条件成立时，执行结果代码块。如果不满足条件要求，则跳过结果代码块，顺序进入条件判断之外的其他代码行。一个 if 语句包含五个要素：

（1）关键词“if”；

（2）条件表达式；

（3）英文冒号“:”；

（4）缩进；

（5）代码块。

程序示例：

```
A = 3
B = 5
if A < B:
    print("True")
    print(A + B)
print("继续执行程序")
```

输出结果：

```
True
8
继续执行程序
```

程序示例：

```
A = 3
B = 5
if A > B:
    print("True")
    print(A + B)
print("继续执行程序")
```

输出结果：

```
继续执行程序
```

单分支 if 语句的注意事项：

(1)关键词 if 后面有空格，没有空格程序会报错。

(2)条件后面的冒号必须是英文冒号，若使用中文冒号，程序会报错：SyntaxError: invalid character (无效字符)。

(3)if 子句前有缩进(缩进是指四个空格)，缩进在 Python 中是一种语法格式，必须严格执行。在 if 语句结尾输入英文冒号后回车，系统会自动缩进 4 个空格。按 Tab 键或连续敲击 4 次空格键也可以实现缩进 4 个空格。

(4)代码块可以是一句代码，也可以是多句代码。

3.1.4　双分支 if 语句

单分支 if 语句仅支持一个分支判断，有时候需要两个分支，可以使用 if…else…语句，else 语句下代码块在 if 语句条件不满足的情况下执行。if…else…相当于中文的“如果…就…”或者“否则就…”，if…else…语句的语法形式如下：

```
if 条件表达式:
        语句块 1   #表达式为真时执行的代码块
else:
        语句块 2   #表达式为假时执行的代码块
```

它的功能是当 if 语句条件表达式的运算结果为 True 时，执行 if 下的语句块，否则运行 else 下的语句块。例如判断某个整数是否为偶数，如果满足条件，输出该数为偶数，若不满足条件，输出该数为奇数，程序示例如下：

```
num = 7
if num%2 == 0:
    print("%d 为偶数"%num)
else:
    print("%d 为奇数"%num)
```

输出结果：

```
7 为奇数
```

由以上例子可以看出，双分支 if 语句具有 2 个执行分支，数值 7 不满足 if 语句条件表达式中7除以2的余数等于0的条件，则执行else下面的代码块，即输出“7为奇数”。

需要注意的是：

(1)else与if对齐；

(2)else后面不能加条件表达式，else语句用于在if语句的条件不成立时执行代码块；

(3)与if语句一样，else语句需要加冒号，else后的代码块也有4个空格的缩进。

3.1.5 多分支if语句

Python中的elif语句是if语句中的一个条件分支。elif是“else if”的缩写，表示如果前面的if语句判断条件为False，则进一步判断elif语句中的条件是否为True。如果为True，就执行elif语句块里的代码；如果不True，就执行else语句块里的代码。if…elif…else语句的语法形式如下：

```
if 条件表达式1:
    语句块1   #表达式为真时执行的代码块
elif 条件表达式2:
    语句块2   #表达式为真时执行的代码块
else:
    语句块3   #前面表达式为假时执行的代码块
```

当if语句条件表达式的运算结果为True时，执行if下的语句块，否则分别按顺序运行elif下的语句块，直到表达式的运算结果为True时结束判断。elif语句可以出现1次，也可以出现多次，用于判断检查多个条件。若if和所有的elif语句条件表达式均为False，则执行else语句块。else语句在多分支if语句里不是必要语句，也可以只采用if…elif…结构，根据程序解决问题的需要而定。

【例1】 分段函数表达。

已知分段函数如下：

$$y=\begin{cases}3x+4, x\leqslant -1\\2x+3, -1<x\leqslant 1\\x+2, x>1\end{cases}$$

代码编写如下：

```
x = int(input("请输入x:"))
if x <= -1:
    y = 3 * x + 4
elif x <= 1:
    y = 2 * x + 3
else:
    y = x + 2
print("x=%f时,y=%f" %(x, y))
```

【例 2】 成绩等级查询。

各等级划分如图 3-1 所示。

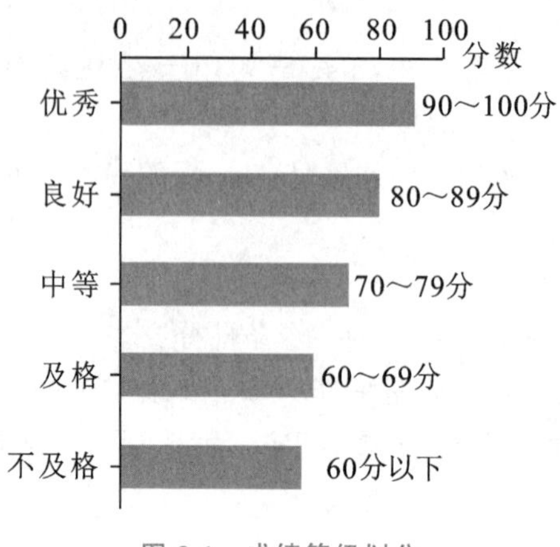

图 3-1　成绩等级划分

程序代码如下：

```
score = eval(input("请输入成绩:"))
if score >= 90:
    print("优秀")
elif score >= 80 and score <90:
    print("良好")
elif score >= 70 and score <80:
    print("中等")
elif score >= 60 and score <70:
    print("及格")
else:
    print("不及格")
```

输入 75,输出结果:

```
中等
```

由以上例子可以看出,利用 input 函数获取用户输入的成绩 75,首先使用 if 语句判断输入的成绩是否大于等于 90。如果是,则输出“优秀”;否则按顺序逐个判断 elif 语句中的条件。75 分的成绩满足 score>=70 and score<80 的条件要求,输出“中等”。此时,对输入成绩的条件判断过程结束,不再执行 else 语句块中的代码。需要注意的是:

(1)elif 不可以脱离 if 单独使用,elif 与 if 对齐;

(2)elif 可以出现 1 次或多次,用于检查多个条件;

(3)与 if 语句一样,elif 语句需要有条件表达式和冒号,elif 后的代码块也有 4 个空格的缩进。

(4)判断是互斥且有顺序的,满足条件表达式 1 将不会再继续判断条件表达式 2、条件表达式 3,同理,满足条件表达式 2 将不会判断条件表达式 3,当所有条件表达式都不满足时,将进入 else 语句块。

(5)else 允许省略或不出现,if…elif…结构效果等同于多个独立的判断。

3.1.6 if 嵌套语句

在 Python 编程中,if 语句是最基础的条件语句之一,它可以根据条件的成立与否来执行相应的代码块。在实际编程中,往往需要根据多个条件来执行不同的代码块,这时可使用 if 语句的嵌套用法。if 语句的嵌套用法指的是在 if 语句中再嵌套一个或多个 if 语句,以实现多个条件的判断。

if 语句的嵌套主要指选择结构的 3 种基本形式(单分支、双分支和多分支)之间的互相嵌套,使用时根据具体情况注意控制好不同级别代码块的缩进量。语句基本形式如下:

```
if 条件表达式 1:
    if 表达式 2:
        代码块 1
    elif 表达式 3
        代码块 2
    else:
        代码块 3
elif 条件表达式 4:
    if 表达式 5:
        代码块 4
    elif 表达式 6
        代码块 5
    else:
        代码块 6
else:
    if 表达式 7:
        代码块 7
    elif 表达式 8
        代码块 8
    else:
        代码块 9
```

当有多个条件需要满足并且条件之间有递进关系时,if 嵌套程序在执行的时候,会在满足前面条件的前提下,去增加更多的判断。在语句的格式上,除缩进不相同之外,嵌套语句中的语法格式是和 if 语句的格式相同的。if 嵌套没有固定的结构,可以根据条件判断的需要灵活组合。下面通过几个例子来说明。

【例 3】 根据我国《车辆驾驶人员血液、呼气酒精含量阈值与检验》规定,每百毫升血液酒精含量大于 20 毫克就算酒后驾驶(见图 3-2)。车辆驾驶人员血液中的酒精含量大于或者等于 80mg/100mL 的驾驶行为称为醉驾。编写程序判断驾驶员是否存在酒驾或醉驾行为，并输出检验结果。

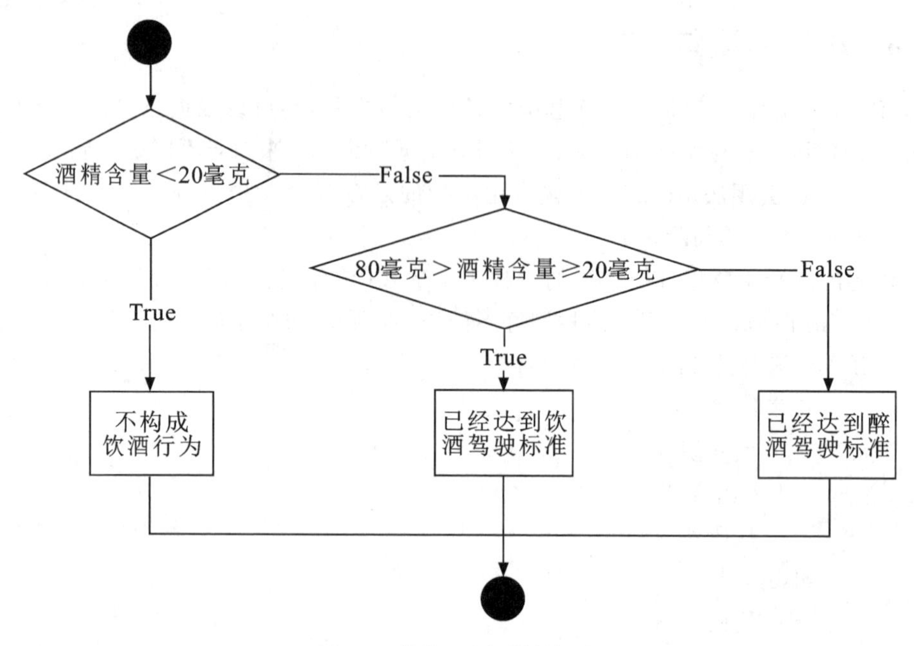

图 3-2　酒驾、醉驾判断标准

程序示例如下：

```
driver = int(input("输入驾驶员每 100mL 血液酒精的含量："))
if driver<20：
    print("驾驶员不构成酒驾")
else：
    if driver<80：
        print("驾驶员已构成酒驾")
    else：
        print("驾驶员已构成醉驾")
```

例 1 中使用 if 嵌套结构，首先对输入的酒精含量是否超过 20mL 的条件进行判断：如果低于 20mL，执行 if 语句块中的代码 print("驾驶员不构成酒驾")；若高于 20mL，则进入 else 语句块。大于 20mL 的条件判断在 else 语句块中继续划分为两个分支：先判断酒精含量是否在[20,80)区间内，若满足条件，输出“驾驶员已构成酒驾”的结果；若不满足该条件，代表酒精含量已达到或超过 80mL，输出“驾驶员已构成醉驾”的结果。

【例 4】 判断一个年份是否为闰年。

程序示例如下：

```
year = int(input("请输入一个年份："))
if year%4==0：
    if year%100==0：
```

```
            if year%400==0:
                print(year,"是闰年")   #整百年能被400整除的是闰年
            else:
                print(year,"不是闰年")
        else:
            print(year,"是闰年")        #非整百年能被4整除的为闰年
    else:
        print(year,"不是闰年")
```

在这个示例中,年份由用户输入后,使用if语句的嵌套来判断这个年份是否为闰年。根据闰年的定义,如果一个年份能被4整除,但不能被100整除,或者能被400整除,那么它就是闰年。根据输入年份的不同情况,程序将输出相应的结果。

【例5】 判断一个数是否为质数。质数是指只能被1和本身整除的正整数。判断一个数是否为质数,可以采用试除法,即从2到该数(不含)依次进行除法运算,如果能整除,则不是质数,否则为质数。例如整数5,从2开始一直到4,都不能被它整除,只有1和它本身才能被5整除,所以5就是一个典型的质数。

程序示例如下:

```
num = int(input("请输入一个整数:"))
for i in range(2,num):
    if num%i== 0:
        print(" %d 不是质数!" % num)
        break
else:
    print(" %d 是质数!" %num)
```

以上示例中,else和if并不是成对使用的,else是和for同一个层级的,在if语句中常见的是if…else…或者if…elif…else,在实际应用中可以更为灵活。循环for语句也可以和else搭配出现。在示例代码中,在某一次遍历结果余数为0后,break打断作用生效,代表循环结束,与之成对出现的else代码也就不执行了;当所有遍历结束后没有一次余数为0,该循环就转到else开始执行,打印输出该数是质数。

3.1.7 任务实现

可以按以下步骤进行处理:

(1)运用input函数供用户输入二次项系数a、一次项系数b、常数项系数c。

(2)创建变量delta,计算b^2-4ac的值并赋值给变量delta。

(3)运用if…elif…else多分支选择语句判断求解一元二次方程。

(4)运用{}.format()或%f等格式输出一元二次方程的求解结果。

根据以上思路,编写如下代码:

```
import math
print("一元二次方程 ax^2+bx+c=0 求解,输入系数 a,b,c")
a = float(input("请输入二次项系数,一个实数 a="))
b = float(input("请输入一次项系数,一个实数 b="))
c = float(input("请输入常数项系数,一个实数 c="))
delta = b * b - 4 * a * c
if delta < 0:
    print("方程求解无实根")
elif delta== 0:
    x1 = x2 = -b/(2 * a)
    print("方程求解:x1={},x2={}".format(x1,x2))
else:
    x1 = (-b + math.sqrt(delta))/(2 * a)
    x2 = (-b - math.sqrt(delta))/ (2 * a)
    print("方程求解:x1={},x2={}".format(x1,x2))
```

小结

本任务学习了判断语句,包括以下内容:

(1)not、and 和 or 是 Python 中常用的逻辑运算符,它们可以用于对布尔值进行逻辑运算。使用 not、and 和 or 时,注意它们的优先级,以避免计算顺序错误。同时,我们可以使用括号来明确表达式的计算顺序。

(2)if 判断语句,可分为单分支 if 语句、双分支 if…else 语句、多分支 if…elif…else 语句。if 语句允许嵌套,可以在 if 子句中添加 if 语句。在嵌套语句中,要注意代码缩进。

实训:企业发放奖金总数计算

1. 实训目标

(1)掌握比较运算符、if 语句的基本操作。

(2)掌握 if 语句的使用方法,根据用户输入的当月利润计算当月企业发放的奖金总数。

2. 需求说明

企业发放奖金是根据利润提成的,具体计算要求如下:

(1)利润低于或等于 10 万元时,奖金可发放总数的 12%;

(2)利润高于 10 万元,低于 20 万元时,高于 10 万元的部分,可发放 8.5%;

(3)利润在 20 万元～40 万元之间时,高于 20 万元的部分,可发放 6%;

(4)利润在 40 万元～60 万元之间时,高于 40 万元的部分,可发放 4%;

(5)利润在 60 万元～100 万元之间时,高于 60 万元的部分,可发放 2.5%;

(6)利润高于 100 万元时,超过 100 万元的部分按 1%发放。

3. 实训步骤

(1)创建一个变量,将用户输入的当月利润赋值给这个变量。

(2)使用多分支 if 语句,根据当月利润的分段区间计算当月企业发放的奖金总数,为简化公式,计算过程中用万元作为计量单元。以当月利润为 360 000.00 元为例,说明计算公式的编写。360 000.00 元属于 20 万元~40 万元之间,低于 10 万元的部分,发放 10×0.12 万元;10 万元~20 万元的部分,发放 10×0.085 万元;超过 20 万元的部分为(36−20)万元=16 万元,发放(36−20)×0.06 万元,即奖金总额为 10×0.12+10×0.085+(36−20)×0.06=3.01 万元,即 30 100.00 元,其他数值以此类推。

习题

一、选择题

1. 以下选项中值为 False 的是(　　)。

A. "abc"<"abcd"　　B. ""<"a"

C. "Hello">"hello"　　D. "abcd"<"ad"

2. 下面代码的输出结果是(　　)。

```
x = 10
y = 3
print(x%y,x * * y)
```

A. 3 1000　　B. 1 30　　C. 3 30　　D. 1 1000

3. 在 Python 中,5/2 的运算结果是(　　)。

A. 3　　B. 2　　C. 2.5　　D. 50

4. 以下关于同步赋值语句描述错误的选项是(　　)。

A. 同步赋值能够使得赋值过程变得更简洁

B. 判断多个单一赋值语句是否相关的方法是看其功能上是否相关或相同

C. 设 x,y 表示一个点的坐标,则 x=a;y=b 两条语句可以用 x,y=a,b 一条语句来赋值

D. 多个无关的单一赋值语句组合成同步赋值语句,会提高程序可读性

5. 下列表达式的值为 True 的是(　　)。

A. "abc" >="xyz"

B. 3>2>2

C. 1==1 and 2! =1

D. not(1==1 and 0! =1)

6. 以下程序的输出结果是(　　)。

```
a = 30
b = 1
```

```
if a >= 10:
    a = 20
elif a> = 20:
    a = 30
elif a> = 30:
    b = a
else:
    b = 0
print('a={}, b={}'.format(a,b))
```

A. a=30, b=1　　B. a=30, b=30

C. a=20, b=20　　D. a=20, b=1

7. 以下语句执行后 a、b、c 的值是(　　)。

```
a = "watermelon"
b = "strawberry"
c = "cherry"
if a >b:
    c = a
    a = b
    b = c
```

A. watermelon strawberry cherry

B. watermelon cherry strawberry

C. strawberry cherry watermelon

D. strawberry watermelon watermelon

8. 关于 Python 的分支结构,以下选项中描述错误的是(　　)。

A. 分支结构使用 if 保留字

B. Python 中 if…else 语句用来形成双分支结构

C. Python 中 if…elif…else 语句描述多分支结构

D. 分支结构可以向已经执行过的语句部分跳转

9. 以下关于 Python 控制结构的描述错误的是(　　)。

A. 每个 if 条件后要使用冒号(:)

B. 在 Python 中,没有 switch…case 语句

C. Python 中的 pass 是空语句,一般用作占位语句

D. elif 可以单独使用

10. 在 Python 中实现多个条件判断需要用到(　　)语句与 if 语句的组合。

A. else　　B. elif　　C. pass　　D. 以上均不正确

二、编程题

1. 用户登录。使用 input 语句输入用户名和密码,如果输入的用户名为 Admin,密码

为 123,则输出登录成功,否则输出语句提醒用户。

2. 象限判断。使用 input 函数输入 x,y 值,判断位于第几象限或者 x 轴、y 轴。

3. 输入体重和身高,利用 BMI 指数,评估肥胖程度。其中,BMI=体重/身高^2。肥胖评价标准如下:

BMI<18.5	过轻
18.5≤BMI≤23.9	正常
24≤BMI≤27	微胖
28≤BMI≤32	肥胖
BMI>32	非常肥胖

任务 3.2 猜数字小游戏

任务描述

编写程序实现小游戏,首先计算机会给出一个数字,然后让用户猜。用户猜了一个数字,计算机会告诉用户是大了还是小了,直到最终被猜中。设置答案为 0～10 之间的一个任意整数。

任务分析

(1)启动程序后,计算机给出 1～10 之间的一个随机整数。

(2)运用循环语句实现用户猜数字过程,直到用户猜中为止游戏才结束。

(3)运用 if 语句实现用户输入数字与系统给出的随机整数是否一致的判断。

3.2.1 while 语句

while 循环也叫条件循环,通过一个条件来控制是否要继续反复执行循环体中的语句。只要条件为 True,这种循环就会一直持续下去,直到条件为 False。流程图如图 3-3 所示。

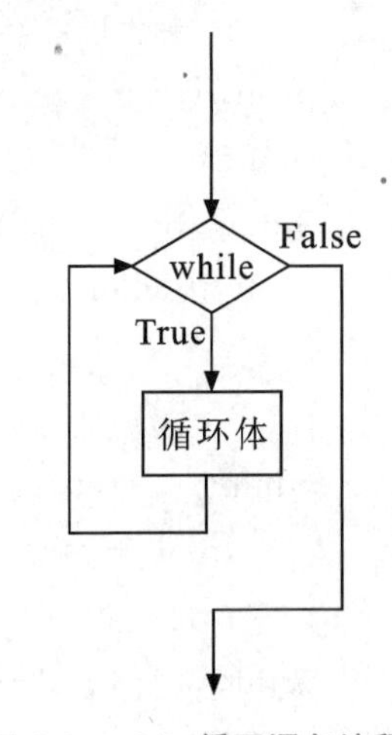

图 3-3 while 循环语句流程图

语法格式为:

```
while 条件表达式:
    循环执行的语句(循环体)
```

while 循环包括循环变量初始化、循环条件和循环体。比如以下代码中,i 为循环变量,初始化为 0。i < 5 为循环条件,print(i)和 i=i+1 构成循环体。

【例 1】 利用 while 语句输出 0、1、2、3、4。

代码：

```
i = 0              #循环变量
while i<5:         #i<5 为循环条件
    print(i)
    i = i + 1
```

程序输出：

```
0
1
2
3
4
```

【例 2】 利用 while 语句计算 1+2+3+…+100。

代码：

```
i = 1
total = 0
while i <= 100:
    total += i
    i += 1
print("1+2+3+…+100=%d" %total)
```

执行后输出：

```
1+2+3 +…+100=5050
```

修改 1：利用 while 语句计算：1+3+5+…+99。

```
i = 1
total = 0
while i <= 100:
    total += i
    i += 2
print("1+3+5+…+99=%d" %total)
```

执行后输出：

```
1+3+5+…+99=2500
```

修改 2：利用 while 语句计算：2+4+6+…+100。

```
i = 2
total = 0
while i <= 100:
```

```
        total += i
        i += 2
    print("2+4+6+…+100=%d" %total)
```

执行后输出：

```
    2+4+6+…+100=2550
```

【例3】 某个自然数除以3余2，除以5余3，除以7余2，第一个符合条件的数是什么？

代码：

```
    print("某个自然数除以3余2,除以5余3,除以7余2,第一个符合条件的数是?
\n")
    isFound = False        #是否找到,初始化为没找到(False)
    number = 1
    while not isFound:     #如果没有找到,则进入循环体
        if number %3 == 2 and number %5 == 3 and number %7 == 2:
            print(str(number)+'\t 第一个符合条件')
            isFound=True
        number += 1
```

执行后输出：

```
    23  第一个符合条件
```

3.2.2 for 语句

for 循环可以用来重复做一件事情。for 循环是一个依次重复执行的循环，通常适用于枚举或遍历序列，以及迭代对象中的元素。语法格式为：

```
    for 迭代变量 in 对象:
        循环执行的语句(循环体)
```

其中，各参数意义如下：

• 迭代变量用于保存读取出的值；

• 对象为要遍历或迭代的对象，该对象可以是任何有序的序列对象，如字符串、列表和组等；

• 循环体为一组被重复执行的语句。

在 for 循环语句中，经常使用 range 函数。range 函数是 Python 的内置函数，它能返回一个可迭代的对象，里面包含一系列连续间隔的整数，经常用于 for 循环中。语法格式为：

```
    range(start, end, step)
```

其中，各参数意义如下：

• start：用于指定计数的起始值，可以省略，如果省略，从 0 开始。

• end:用于指定计数的结束值,但不包括该值,如 range(7),则得到的值为 0～6,不包括 7。当 range 函数只有一个参数时,这个参数表示指定计数的结束值。

• step:用于指定步长,即两个数之间的间隔,可以省略,如果省略,则表示步长为 1。例如:range(1,7)将得到 1、2、3、4、5、6。range(1,7,2)将得到 1,3,5。

【例 4】 使用 for 语句计算 1 至 100 之间所有数值之和。

代码:

```
total = 0
for a in range(1, 101):
    total += a
print("1+2+3+…+100=%d" %total)
```

执行后输出:

```
1+2+3+…+100=5050
```

【例 5】 彩金计算。第一天给 1 分,每天翻倍,连续一个月,总共需要给多少彩金?

代码:

```
money = 0.005
total = 0
for i in range(1,31):
    money *= 2
    total += money
    print("第%d 天:%.6f 万元, 已支付%.6f 万元。"%(i, money/10000,
total/10000))
```

执行后输出:

```
第 1 天:0.000001 万元,已支付 0.000001 万元。
第 2 天:0.000002 万元,已支付 0.000003 万元。
第 3 天:0.000004 万元,已支付 0.000007 万元。
第 4 天:0.000008 万元,已支付 0.000015 万元。
第 5 天:0.000016 万元,已支付 0.000031 万元。
第 6 天:0.000032 万元,已支付 0.000063 万元。
第 7 天:0.000064 万元,已支付 0.000127 万元。
第 8 天:0.000128 万元,已支付 0.000255 万元。
第 9 天:0.000256 万元,已支付 0.000511 万元。
第 10 天:0.000512 万元,已支付 0.001023 万元。
第 11 天:0.001024 万元,已支付 0.002047 万元。
第 12 天:0.002048 万元,已支付 0.004095 万元。
```

```
第 13 天:0.004096 万元，已支付 0.008191 万元。
第 14 天:0.008192 万元，已支付 0.016383 万元。
第 15 天:0.016384 万元，已支付 0.032767 万元。
第 16 天:0.032768 万元，已支付 0.065535 万元。
第 17 天:0.065536 万元，已支付 0.131071 万元。
第 18 天:0.131072 万元，已支付 0.262143 万元。
第 19 天:0.262144 万元，已支付 0.524287 万元。
第 20 天:0.524288 万元，已支付 1.048575 万元。
第 21 天:1.048576 万元，已支付 2.097151 万元。
第 22 天:2.097152 万元，已支付 4.194303 万元。
第 23 天:4.194304 万元，已支付 8.388607 万元。
第 24 天:8.388608 万元，已支付 16.777215 万元。
第 25 天:16.777216 万元，已支付 33.554431 万元。
第 26 天:33.554432 万元，已支付 67.108863 万元。
第 27 天:67.108864 万元，已支付 134.217727 万元。
第 28 天:134.217728 万元，已支付 268.435455 万元。
第 29 天:268.435456 万元，已支付 536.870911 万元。
第 30 天:536.870912 万元，已支付 1073.741823 万元。
```

3.2.3 break 和 continue 语句

1. break 语句

break 语句用来终止循环语句。当循环条件没有 False 条件或者序列还没被完全递归完时,可以使用 break 停止执行循环语句。包含 break 语句的循环语句流程图如图 3-4 所示。

break 语句可用在 while 和 for 语句中。在 while 语句中使用 break 语句的形式如下：

```
While 条件表达式 1：
    执行代码
    if 条件表达式 2：
        break
```

其中,条件表达式 2 用于判断何时调用 break 语句跳出循环。

在 for 语句中使用 break 语句的形式如下：

```
for 迭代变量 in 对象：
    if 条件表达式：
        break
```

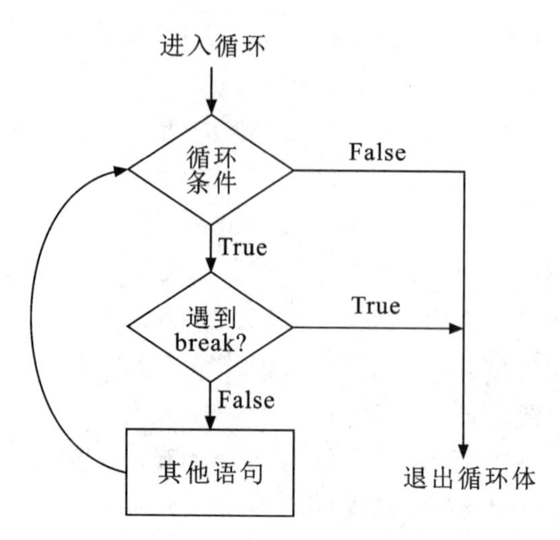

图 3-4　包含 break 语句的循环语句流程图

其中:条件表达式用于判断何时调用 break 语句跳出循环。

【例 6】 某个自然数除以 3 余 2,除以 5 余 3,除以 7 余 2,求第一个符合条件的数。

代码:

```
print("某个自然数除以 3 余 2,除以 5 余 3,除以 7 余 2,第一个符合条件的数是?
\n")
for number in range(10000):
    if number %3==2 and number %5==3 and number %7==2:
        print(str(number)+'\t 第一个符合条件')
        break
```

执行后输出:

```
23  第一个符合条件
```

【例 7】 一张厚度为 0.1 毫米的足够大的纸,对折多少次后才能达到珠穆朗玛峰的高度?

代码:

```
thickness = 0.0001   #纸厚,单位米
count = 0            #对折次数
while True:
    count += 1       #对折次数加 1
    thickness *= 2   #对折一次厚度翻倍
    if thickness >8844.43: #超过珠穆朗玛峰高度就停止循环
        break
print("纸对折%d 次后的厚度为%.2f 米,超过了珠穆朗玛峰。" %(count,
thickness))
```

执行后输出：

```
纸对折 27 次后的厚度为 13421.77 米，超过了珠穆朗玛峰。
```

2. continue 语句

continue 语句用来告诉 Python 跳过当前循环的剩余语句，然后继续进行下一轮循环。

continue 语句用在 while 和 for 语句中。在 while 语句中使用 continue 语句，语法格式：

```
While 条件表达式 1：
    执行代码
    if 条件表达式 2：
        continue
```

其中，条件表达式 2 用于判断何时调用 continue 语句跳出当前循环剩余语句。

在 for 语句中使用 continue 语句，语法格式：

```
for 迭代变量 in 对象：
    执行代码
    if 条件表达式：
        continue
```

其中，条件表达式用于判断何时调用 continue 语句跳出当前循环剩余语句。

【例 8】 累加 1 到 100，其中 5 的倍数不参与累加。

代码：

```
total = 0
for a in range(1, 101):
    if a %5 == 0:      #a 为 5 的倍数
        continue
    total += a
print("累加和为%d" % total)
```

执行后输出：

```
累加和为 4000
```

【例 9】 随机产生 10 个奇数。

产生随机数需要使用 random 模块中的 randint 函数。randint 函数产生 value1 和 value2 之间的一个随机整数，语法格式为：

```
random.randint(value1, value2)
```

其中,value1 和 value2 为随机数范围的起始值和终止值。

代码:

```
import random  #导入随机模块
count = 0
while count <= 10:
    number = random.randint(1, 100) #产生 0~100 的随机整数
    if number %2 == 0:
        continue
    count += 1
    print("第%d 个随机奇数:%d" %(count, number))
```

执行后输出:

```
第 1 个随机奇数:75
第 2 个随机奇数:93
第 3 个随机奇数:39
第 4 个随机奇数:39
第 5 个随机奇数:3
第 6 个随机奇数:3
第 7 个随机奇数:49
第 8 个随机奇数:53
第 9 个随机奇数:53
第 10 个随机奇数:23
```

3.2.4 任务实现

根据任务分析和所学内容,将按以下思路编写猜数字游戏:

(1)使用 random 模块,产生一个 0 至 100 的随机数,存储到变量 target_num。

(2)设置最大猜测次数 MAX_COUNT 为 10 次。

(3)自动进入 while 循环,循环体主要工作内容:

①用户输入所猜的数字,存储在 guess_num 中。

②比较 guess_num 和 target_num 的大小:若小于,则输出“你猜小了”;若大于,则提示“你猜大了”;若等于,则提示“恭喜你赢了”,使用 break 语句退出循环。

③如果猜测次数超过最大次数,使用 break 语句退出循环。

流程图如图 3-5 所示。

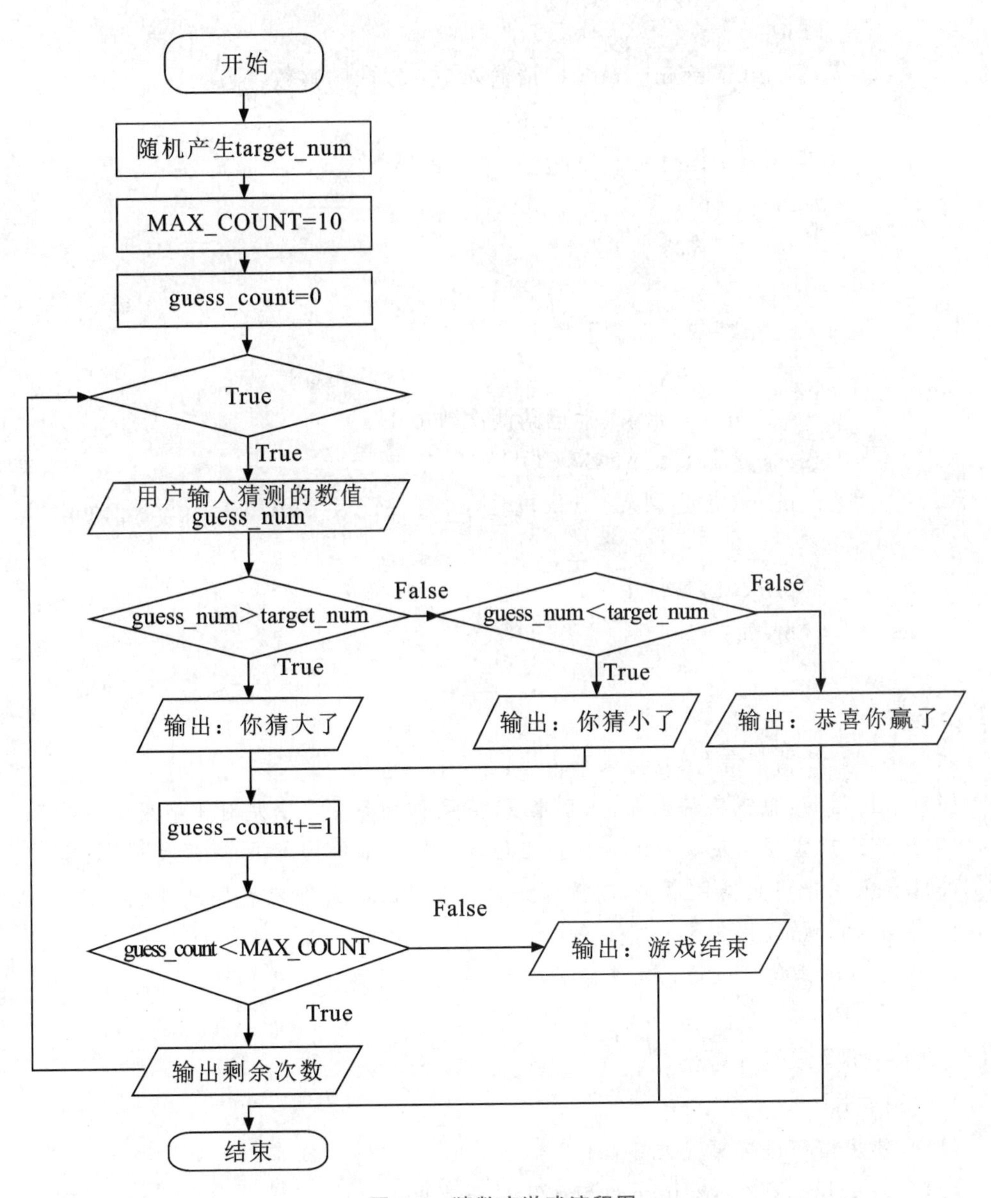

图 3-5　猜数字游戏流程图

参考代码：

```
import random   # 导入随机数模块
target_num = random.randint(1, 101)   # 目标数据随机产生
MAX_COUNT = 10 # 最大猜测次数，为常量
guess_count = 0   # 已猜测次数
```

```
while True:
    guess_num = int(input("请输入 100 以内的整数:"))
    if guess_num > target_num:
        print("你猜大了")
    elif guess_num < target_num:
        print("你猜小了")
    else:
        print("恭喜你赢了" )
        break
    guess_count += 1    #已猜测次数加 1
    if guess_count < MAX_COUNT:
        print('你还剩余%d 次机会\n' %(MAX_COUNT-guess_count))
    else:
        print('游戏结束')
        break
```

小结

本任务学习了循环语句,包括以下内容:

(1)while 语句:也叫条件循环,一直重复,直到循环条件不满足时才结束。

(2)for 语句:重复一定次数的循环。当循环次数已知的情况下,一般使用 for 语句。

(3)break 用来终止循环语句,即循环条件没有 False 条件或者序列还没被完全递归完,也会停止执行循环语句。

(4)continue 语句可以提前结束本轮循环,并直接开始下一轮循环。

实训:制作简单的计算器

1. 实训目标

(1)会使用循环语句实现循环。

(2)会使用 break 和 continue 语句改变程序流程。

2. 需求说明

(1)实现计算器加减乘除等基本功能。

(2)使用循环语句,允许用户多次操作。

3. 实训步骤

(1)程序运行时,显示各选项,分别表示加减乘除和退出,供用户选择。如果用户输入其他选项,则提醒用户正确输入。

(2)用户选择后,输入需要的两个数值,然后计算,并将计算结果输出。

(3)使用循环,允许用户多次运行,直到用户选择退出。

习题

一、选择题

1. 以下程序的输出结果是(　　)。

```
x = 10
while x:
    x -= 1
    if x%2 == 0:
        print(x,end='')
print(x)
```

A. 86420　　B. 975311　　C. 97531　　D. 864200

2. 以下关于循环结构的描述,错误的是(　　)。

A. 遍历循环使用 for＜循环变量＞in＜循环结构＞语句,其中循环结构不能是文件

B. 使用 range 函数可以指定 for 循环的次数

C. for i in range(5)表示循环 5 次,i 的值是从 0 到 4

D. 用字符串做循环结构的时候,循环的次数是字符串的长度

3. 以下关于程序控制结构描述错误的是(　　)。

A. 分支结构包括单分支结构和二分支结构

B. 二分支结构组合形成多分支结构

C. 程序由三种基本结构组成

D. Python 里,能用分支结构写出循环的算法

4. 以下关于循环结构的描述,错误的是(　　)。

A. 遍历循环的循环次数由遍历结构中的元素个数来体现

B. 非确定次数的循环的次数是根据条件判断来决定的

C. 非确定次数的循环用 while 语句来实现,确定次数的循环用 for 语句来实现

D. 遍历循环对循环的次数是不确定的

5. 以下关于分支和循环结构的描述,错误的是(　　)。

A. Python 在分支和循环语句里使用例如 x＜=y＜=z 的表达式是合法的

B. 分支结构中的代码块是用冒号来标记的

C. 如果设计不小心,while 循环会出现死循环

D. 二分支结构的＜表达式 1＞ if ＜条件＞ else ＜表达式 2＞形式,适合用来控制程序分支

6. 关于 Python 循环结构,以下选项中描述错误的是(　　)。

A. 遍历循环中的遍历结构可以是字符串、文件、组合数据类型和 range 函数等

B. break 用来结束当前当次语句,但不跳出当前的循环体

C. continue 只结束本次循环

D. Python 通过 for、while 等保留字构建循环结构

7. 以下程序的输出结果是(　　)。

```
for i in "the number changes":
    if i == 'n':
        break
    else:
        print(i, end="")
```

A. the umber chages　　B. thenumberchanges

C. theumberchages　　D. the

8. 想通过for…in循环来打印出1～10之间的数(包括1和10),下列代码选项正确的是(　　)。

A. for i in range(10): print(i)　　B. for i in range(11): print(i)

C. for i in range(1,11): print(i)　　D. for i in range(1,10): print(i)

9. 仔细阅读下列代码,你认为正确的选项是(　　)。

```
sum1 = 0
for i in range(0,10,2):
    sum1 += i
print(sum1)
```

A. 该代码求的是1～10之间所有数的和,结果是45

B. 该代码求的是0,2,4,6,8这五个数的和,结果是20

C. 该代码求的是1,3,5,7,9这五个数的和,结果是25

D. 该代码求的是2,4,6,8,10这五个数的和,结果是30

二、判断题

1. 如果仅仅是用于控制循环次数,那么for i in range(20)和for i in range(20, 40)的作用是等价的。(　　)

2. 在循环中continue语句的作用是终止循环。(　　)

3. 循环语句可以用于重复执行特定的代码块。(　　)

4. 下面的代码段会无限循环。(　　)

```
while True:
    print("Hello, World!")
```

5. 下面的代码段会输出1、2、3、4、5。(　　)

```
for i in range(1, 6):
    print(i)
```

三、编程题

1. 使用while语句,输出10个符合以下条件的数值:自然数除以3余2,除以5余3,除以7余2。

2. 分别使用while语句和for语句计算5+10+15+…+995的值。

任务3.3　输出九九乘法表

任务描述

使用循环语句，输出九九乘法表。

```
--------------------九九乘法表--------------------
1×1=1
1×2=2  2×2=4
1×3=3  2×3=6   3×3=9
1×4=4  2×4=8   3×4=12  4×4=16
1×5=5  2×5=10  3×5=15  4×5=20  5×5=25
1×6=6  2×6=12  3×6=18  4×6=24  5×6=30  6×6=36
1×7=7  2×7=14  3×7=21  4×7=28  5×7=35  6×7=42  7×7=49
1×8=8  2×8=16  3×8=24  4×8=32  5×8=40  6×8=48  7×8=56  8×8=64
1×9=9  2×9=18  3×9=27  4×9=36  5×9=45  6×9=54  7×9=63  8×9=72  9×9=81
```

任务分析

(1)输出标题“九九乘法表”。

(2)输出每一行。第i行，有i列。第i行的第一个数字从1开始，到i结束，第二个数字为i。这里需要采用循环嵌套来完成。

(3)在输出时，要注意输出格式，使得输出的表格整齐。

3.3.1　嵌套循环

循环嵌套，就是在一个循环体中嵌入另一个循环。可以在while循环中嵌入while循环、for循环，也可以在for循环中嵌入while循环、for循环，格式如下：

```
#在while语句中嵌入while语句
while 表达式1:
    while 表达式2:
        循环体2
    循环体1

#在while语句中嵌入for语句
while 表达式1:
    for 迭代变量 in 对象:
        循环体2
    循环体1

#在for语句中嵌入while语句
for 迭代变量 in 对象:
    while 表达式:
        循环体1

#在for语句中嵌入for语句
for 迭代变量1 in 对象1:
    for 迭代变量2 in 对象2:
        循环体2
```

【例 1】 输出如下矩形图案。

```
* * * * *
* * * * *
* * * * *
* * * * *
* * * * *
```

代码：

```
for i in range(5):
    #输出第 i 行:5 个 *,换行
    for j in range(5):
        print('*', end='')
    print(")
```

【例 2】 输出以下两个三角形图案

```
#
###
#####
#######
```

```
   #
  ###
 #####
#######
```

代码：

```
#输出直角三角形
for i in range(4):
    #输出第 i 行:2i—1 个#号,换行
    for j in range(2 *i—1):
        print("#", end="")
    print("")

#输出等腰三角形
for i in range(1, 5):
    #输出第 i 行: 4—i 个空格,2i—1 个#号, 换行
    for j in range(4—i):
        print(", end="")
    for j in range(2 * i—1):
        print("#", end="")
    print("")
```

【例 3】 输出如下矩形：

$$\begin{bmatrix} 11 & 12 & 13 & 14 \\ 21 & 22 & 23 & 24 \\ 31 & 32 & 33 & 34 \\ 41 & 42 & 43 & 44 \end{bmatrix}$$

代码：

```
for i in range(1, 5):
    #输出第i行4个数:11+10*(i-1),后面数递增1
    start = 11 +10 * (i-1)
    for j in range(start, start+4):
        print(j, end=" ")
    print()
```

3.3.2 循环 else 子句

循环语句中有 else 子句时，如果循环正常结束，则执行 else 中的代码；如果循环异常结束（比如遇到 break），则不执行 else 中的代码。

语法格式如下：

```
# while 中的 else 子句
while 循环条件:
    条件满足,则循环执行此代码
else:
    循环条件不成立时执行此代码,执行后循环结构终止

#for 中的 else 子句
for 临时变量  in 数据序列:
    循环执行的代码
else:
    所有元素遍历完成后执行的代码
```

【例4】 输出指定区间的素数。

素数也称质数，是指在大于1的自然数中，除了1和它本身以外不再有其他因数的自然数。因此，素数 p 必须满足两个条件：

(1) $p > 1$；

(2) p 不能被2至 $p-1$ 中的数值整除。

代码：

```
value1 = int(input("输入区间最小值:"))
value2 = int(input("输入区间最大值:"))
```

```
for p in range(value1, value2+1):
    #循环体任务:检查p是否为素数
    #(1)p必须大于1
    if p <2:
        continue
    #(2)p不能被2至p-1中的数值整除
    for i in range(2, p):
        if p %i == 0:  #被i整除
            break
    else:  # 循环正常退出时执行
        print(p, end=" ")
```

3.3.3 任务实现

根据任务分析和所学内容,使用双层循环编写九九乘法表:

(1)外侧循环控制行,行号范围为[1,9]。

(2)内侧循环控制每列输出。对于第i行,每列内容为"j" * "i" =j * i,j的取值范围为[1, i]。

参考代码:

```
print("-" *16+"九九乘法表"+"-" *16)
for i in range(1, 10):  # i值1至9
    #输出第i行,共有i个列,然后换行
    for j in range(1, i+1):  # j值1至i
        #输出第i行第j列元素:"j" * "i"=j * i
        print(str(j)+"×"+str(i)+"="+str(j* i)+"\t", end='')
    print('')
```

执行后输出:

```
----------------九九乘法表----------------
1×1=1
1×2=2	2×2=4
1×3=3	2×3=6	3×3=9
1×4=4	2×4=8	3×4=12	4×4=16
1×5=5	2×5=10	3×5=15	4×5=20	5×5=25
1×6=6	2×6=12	3×6=18	4×6=24	5×6=30	6×6=36
1×7=7	2×7=14	3×7=21	4×7=28	5×7=35	6×7=42	7×7=49
1×8=8	2×8=16	3×8=24	4×8=32	5×8=40	6×8=48	7×8=56	8×8=64
1×9=9	2×9=18	3×9=27	4×9=36	5×9=45	6×9=54	7×9=63	8×9=72	9×9=81
```

小结

本任务学习了高级循环结构,包括以下内容:

(1)循环嵌套。允许在一个循环体里面嵌入另一个循环。可以在循环体内嵌入其他的循环体,如在while循环中可以嵌入for循环;反之,也可以在for循环中嵌入while循环。其语法结构如下:

```
#在while语句中嵌入while语句
while 表达式1:
    while 表达式2:
        循环体2
    循环体1

#在while语句中嵌入for语句
while 表达式1:
    for 迭代变量 in 对象:
        循环体2
    循环体1

#在for语句中嵌入while语句
for 迭代变量 in 对象:
    while 表达式:
        循环体1

#在for语句中嵌入for语句
for 迭代变量1 in 对象1:
    for 迭代变量2 in 对象2:
        循环体2
```

(2)循环else子句。如果循环正常结束,则执行else中的代码;如果循环异常结束(比如遇到break),则不执行else中的代码。语法格式如下:

```
# while中的else子句
while 循环条件:
    条件满足,则循环执行此代码
else:
    循环条件不成立时执行此代码,执行后循环结构终止

#for中的else子句
for 临时变量  in 数据序列:
    循环执行的代码
else:
    所有元素遍历完成后执行的代码
```

实训:百钱百鸡问题

1.实训目标

(1)灵活使用循环嵌套完成复杂问题的解答。

(2)使用穷举法解答问题。

2.需求说明

我国古代数学家张丘建在他的《算经》中提出了一个著名的“百钱百鸡问题”:一只公鸡值五钱,一只母鸡值三钱,三只小鸡值一钱,现在要用百钱买百鸡,请问公鸡、母鸡、小鸡

各多少只？

3. 实训步骤

(1)使用三个变量GJ、MJ和XJ表示公鸡、母鸡和小鸡的个数。其中GJ<=20,MJ<=33,XJ<=100。

(2)通过三层循环，对GJ、MJ和XJ的每个可能值分别进行测试，如果三种鸡的总数为100只，且总价为100钱，则输出各种鸡的数量。

习题

一、选择题

1. 关于for嵌套循环概念的说法正确的是(　　)。

A. 一个循环的循环结构中含有另外一个条件判断

B. 一个循环的循环结构中含有另外一个不完整的循环

C. 一个条件判断结构中包含一个完整的循环

D. 一个循环的循环结构中含有另外一个完整的循环

2. 关于下列代码说法正确的是(　　)。

```
for i in range(10):
    for j in range(5):
        print("#",end=" ")
    print()
```

A. 语句print("#",end=" ")总共会运行50次

B. 语句print()总共会运行50次

C. 语句print("#",end=" ")总共会运行15次

D. 因为print()没有打印任何东西，所以可以省略，运行结果不会发生任何改变

3. 以下程序的输出结果是(　　)。

```
for i in "CHINA":
    for k in range(2):
        print(i, end="")
        if i== 'N':
            break
```

A. CCHHIINNAA　　　　B. CCHHIIAA

C. CCHHIAA　　　　D. CCHHIINAA

4. 以下程序的输出结果是(　　)。

```
x = 10
while x:
    x -= 1
    if  x%2==0:
```

```
        print(x,end='')
    print(x)
```

A. 86420　　B. 975311　　C. 97531　　D. 864200

5. 以下程序的输出结果是(　　)

```
    for i in range(3):
        for s in "abcd":
            if s=="c":
                break
            print (s,end="")
```

A. abcabcabc　　B. aaabbbccc

C. aaabbb　　D. ababab

二、编程题

1. 打印如下图案:

```
#####*
####***
###*****
##*******
#*********
```

2. 求1!+2!+3!+…+20!,其中n!为1*2*3*…*(n-1)*n。

任务3.4　处理输入和计算异常

任务描述

用户不按要求输入,程序可能会发生异常而停止运行;在计算过程中,可能会出现除数为零,或者计算负数的对数等异常,程序也会停止运行。

本任务就是要编写健壮程序,能够处理输入和计算中的一些异常。

任务分析

(1)程序基本功能是计算log(x/y)。

(2)通过提前预判,或者测试确定常见异常。

(3)针对每种常见异常,输出异常信息并处理。

(4)完善代码,允许异常发生后,由用户重新输入。

3.4.1　异常处理机制

异常就是一个事件,该事件在程序执行过程中发生,影响了程序的正常执行。一般情况下，在 Python 无法正常处理程序时就会抛出一个异常。当 Python 脚本发生异常时需要捕获并处理它，否则程序会终止执行。

例如，以下代码段，其功能是输入 a 和 b 的数值，然后分别输出它们的数据类型和数值。

```
a, b = eval(input("a,b="))
print(type(a), type(b))
print(a, b)
```

对于以上代码，用户输入不同内容，执行时可能会抛出异常。现在分别测试：

(1)如果用户正常输入，比如输入 1,"hello"，执行结果如下，不会发生异常。

```
a,b = 1,"hello"
<class 'int'><class 'str'>
1 hello
```

(2)如果用户输入时只输入一个 2，执行时抛出类型异常 TypeError，提醒输入数据不足。

```
a,b = 2
Traceback (most recent call last):
  File "F:\PythonProject\error.py", line 1, in <module>
    a, b=eval(input("a,b="))
    ^^^^
TypeError: cannot unpack non-iterable int object
```

(3)如果用户输入 2, q，执行时抛出命名异常 NameError，提醒 q 未定义。

```
a,b = 2, q
Traceback (most recent call last):
   File "F:\PythonProject\error.py", line 1, in <module>
    a, b = eval(input("a,b="))
           ^^^^^^^^^^^^^^^^^^^
  File "<string>", line 1, in <module>
NameError: name 'q' is not defined
```

(4)如果用户输入 2;q，执行时抛出语法异常 SyntaxError，提醒存在错误语法。

```
a,b = 2;q
Traceback (most recent call last):
File "F:\PythonProject\error.py", line 1, in <module>      a, b=eval(input
("a,b="))
           ^^^^^^^^^^^^^^^^^^^
  File "<string>", line 1
  2;q
```

```
    ^
SyntaxError: invalid syntax
```

对于以上四种情况,只有第一种没有发生抛出异常,程序正常执行,而其他三种情况,程序都抛出异常,并终止程序运行。

为了提高程序健壮性,使得程序能处理各种常见的异常,而不终止程序运行,需要引入异常处理机制。在 Python 语言中,使用 try 语句检测异常,使用 except 语句捕获异常信息并处理。其语法格式如下:

```
try:
    可能产生异常的代码块
except [ (Error1, Error2, ... ) [as e] ]:
    处理异常的代码块 1
except [ (Error3, Error4, ... ) [as e] ]:
    处理异常的代码块 2
except  [Exception]:
    处理其他异常
```

例如以上发生异常的代码段,添加 try…except 语句,代码如下:

```
try:
    a, b = eval(input("a,b="))
    print(type(a), type(b))
    print(a, b)
except TypeError:
    print("输入数据类型有错")
except NameError:
    print("输入变量未声明")
except SyntaxError:
    print("输入语法错误")
except  Exception as e: #其他异常
    print(e) #输出异常信息
```

try…except 语句的执行流程:

(1)执行 try 中的代码块,如果执行过程中出现异常,系统会自动生成一个异常类型,并将该异常提交给 Python 解释器,此过程称为捕获异常。

(2)当 Python 解释器收到异常对象时,会寻找能处理该异常对象的 except 块,如果找到合适的 except 块,则把该异常对象交给该 except 块处理,这个过程被称为处理异常。如果 Python 解释器找不到处理异常的 except 块,则程序运行终止,Python 解释器也将退出。

在 try…except 语句中,可以添加 else 子句和 finally 子句,语法结构如下:

```
try:
    正常的操作
    ......................
except:  #有异常
    发生异常,执行这块代码
    ......................
else:  #无异常
    如果没有异常,执行这块代码
    ......................
finally:  #最后
    不管有没有异常,均执行这块代码
```

对以上代码添加 else 子句和 finally 子句,最终代码如下:

```
try:
    a, b = eval(input("a,b="))
    print(type(a), type(b))
    print(a, b)
except SyntaxError:
    print("输入语法错误")
except TypeError:
    print("输入数据类型有错")
except NameError:
    print("输入变量未声明")
except Exception as e: #其他异常
    print(e)  #输出异常具体内容
else: #无异常执行下面代码
    print("恭喜,没有发生异常!")
finally:
    print("不管有无异常,程序都会运行到这里")
```

3.4.2 任务实现

根据任务分析和所学内容,编写能处理输入和计算异常的程序:

(1)程序基本功能是用户输入两个数值 x 和 y,计算 log(x/y)。

(2)通过提前预判,知道 y 为除数,不能为零,x/y 要进行对数运算,x/y 不能小于零。另外,还需要尝试其他输入,获取异常情况。

(3)采用 try…except…else 进行各种异常处理。

(4)完善代码,允许异常发生后由用户重新输入。

参考代码：

```
import math
while True:
    try:
        x = float(input("请输入值 x:"))
        y = float(input("请输入值 y:"))
        t = x / y
        z = math.log(t)
        print("计算结果为%f" %z)
    except ZeroDivisionError:
        print("除数不能为零,请重新输入")
    except ValueError:
        print("数值错误,请重新输入")
    except Exception as e:
        print(e)  #输出异常信息
        print("请重新输入")
    else:
        print("计算成功!")
        break
```

小结

本任务学习了 Python 语言异常处理。Python 使用 try … except…else…finally 来捕获和处理异常。当程序在执行的时候，首先执行 try 块，如果 try 子句发生异常，就执行相应 except 子句；如果 try 子句没有发生异常，则跳过 except 块，执行 else 子句。如果有 finally 块，不管有无异常，都会执行 finally 子句。异常是类，查看异常类的方法(同内建函数的查看方法)：dir(__builtins__)，help(__builtins__)。

常见的异常类如表 3-3 所示。

表 3-3　常见异常类

异常类名	描　述
BaseException	所有异常的基类
Exception	常规异常的基类
AttributeError	对象不存在此属性
IndexError	序列中无此索引
IOError	输入/输出操作失败
KeyboardInterrupt	用户中断执行

续表

异常类名	描　述
KeyError	映射中不存在此键
NameError	找不到名字(变量)
SyntaxError	Python 语法错误
TypeError	对类型无效的操作
ValueError	传入无效的参数
ZeroDivoaionError	除(或取模)运算的第二个参数为 0

实训:加法运算

1. 实训目标

熟练使用异常处理机制处理输入常见错误。

2. 需求说明

用户输入两个整数,计算两者之和。若用户输入的不是整数,可能会引发异常。本实训要求使用 try…except 处理相关异常。

3. 实训步骤

(1)输出菜单选项:①输入两个整数,进行加法运算;②输入 q,退出程序。

(2)如果用户输入 q,则退出程序,否则输入两个数值。如果用户输入的是整数,则计算,并返回菜单。

(3)使用 try…except 处理两种异常:用户输入浮点数;用户输入非数值字符串。

习题

一、选择题

1. 关于程序的异常处理,以下选项中描述错误的是(　　)。

A. 程序异常发生经过妥善处理可以继续执行

B. 异常语句可以与 else 和 finally 保留字配合使用

C. 编程语言中的异常和错误是完全相同的概念

D. Python 通过 try、except 等保留字提供异常处理功能

2. 用户输入整数的时候不合规导致程序出错,为了不让程序异常中断,需要用到的语句是(　　)。

A. if 语句　　B. eval 语句

C. 循环语句　　D. try…except 语句

3. 以下关于异常处理的描述,错误的选项是(　　)

A. Python 通过 try、except 等保留字提供异常处理功能

B. ZeroDivisionError 是一个变量未命名错误

C. NameError 是一种异常类型

D. SyntaxError 是一个语法错误

4. 执行以下程序，输入 Python，输出结果是(　　)。

```
try:
    s=input('请输入整数:')
    ls=s*2
    print(ls)
except:
    print('请输入整数')
```

A. la　　B. 请输入整数　　C. PythonPython　　D. Python

5. 以下 Python 语句运行结果异常的选项是(　　)。

A. >>> PI , r=3.14 , 4

B. >>> a=1

　>>>b=a=a+1

C. >>> x=True

D. >>> a

6. 以下 Python 语言关键字在异常处理结构中用来捕获特定类型异常的选项是(　　)。

A. for　　B. lambda　　C. in　　D. expect

7. 有关异常说法正确的是(　　)。

A. 程序中抛出异常终止程序　　B. 程序中抛出异常不一定终止程序

C. 拼写错误会导致程序终止　　D. 缩进错误会导致程序终止

8. 对以下程序描述错误的是(　　)。

```
try:
    #语句块 1
except  IndexError as i:
    #语句块 2
```

A. 该程序对异常处理了，因此一定不会终止程序

B. 该程序对异常处理了，不一定不会因异常引发终止

C. 如果抛出 IndexError 异常，不会因为异常终止程序

D. 语句块 2 不一定会执行

9. 当 try 语句中没有任何错误信息时，一定不会执行(　　)语句。

A. try　　B. else　　C. finally　　D. except

10. 程序如下：

```
try:
    number = int(input("请输入数字:"))
    print("number:",number)
```

```
        print("========hello=======")
    except Exception as e：
        #报错错误日志
        print("打印异常详情信息：",e)
    else：
        print("没有异常")
    finally：#关闭资源
        print("finally")
    print("end")
```

输入1a,结果是(　　)。

A. number：1

打印异常详情信息： invalid literal for int() with base 10：

finally

end

B. 打印异常详情信息： invalid literal for int() with base 10：

finally

end

C. =========hello============

打印异常详情信息： invalid literal for int() with base 10：

finally

End

D. 以上都正确

二、判断题

1. 程序中异常处理结构在大多数情况下是没必要的。(　　)

2. 在try…except…else结构中，如果try块的语句引发了异常，则会执行else块中的代码。(　　)

3. 异常处理结构中的finally块中代码仍然有可能出错，从而再次引发异常。(　　)

4. 默认情况下，系统检测到错误后会终止程序。(　　)

5. 在使用异常时必须先导入exceptions模块。(　　)

6. 一个try语句只能对应一个except子句。(　　)

7. 如果except子句没有指明任何异常类型，则表示捕捉所有的异常。(　　)

8. 无论程序是否捕捉到异常，一定会执行finally语句。(　　)

9. 所有的except子句一定在else和finally的前面。(　　)

10. 异常处理结构也不是万能的，处理异常的代码也有引发异常的可能。(　　)

三、简答题

1. 请简述什么是异常。

2. try…except的工作机制是什么？

项目 4
数据结构

项目描述

本项目将介绍列表、元组、字典、集合等数据结构，包括其定义、常用操作和有关内置函数。其中：列表和字典属于可变数据类型；元组属于不可变数据类型；集合则分为可变集合和不可变集合两种类型。可变数据类型对象允许对元素进行增加、修改、删除和排序等操作，而不可变数据类型对象不允许对元素进行增加、修改、删除和排序等操作。另外，列表和元组均属于有序的序列，字典和集合是无序的数据类型。序列意味着元素不是随机排放的，而是按照一定顺序排放的，可以通过元素索引号（位置）来访问元素。而无序的数据类型，意味着元素的排放无序，不可以通过索引来访问元素。

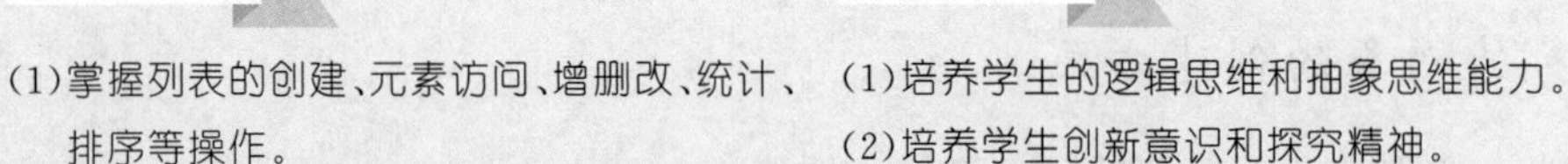

学习目标

（1）掌握列表的创建、元素访问、增删改、统计、排序等操作。

（2）掌握元组的创建、元素访问和常见方法。

（3）掌握字典的创建、元素访问、元素增删改等操作。

（4）掌握集合的创建、集合访问、集合更新、集合运算等操作。

（5）会区分各种数据结构的差异点，能够根据实际应用选择合适的数据结构。

素质目标

（1）培养学生的逻辑思维和抽象思维能力。

（2）培养学生创新意识和探究精神。

（3）培养学生分析数据和管理数据的能力。

（4）培养团队协作的能力。

任务 4.1　使用列表实现自动售货机简易程序

任务描述

使用列表,编写自动售货机的简易程序,模仿用户在自动售货机购买商品的过程,包括看到商品列表,在余额足够的情况下,选择商品并放入购物车,最终结账。

任务分析

(1)启动程序后,用户输入买东西的金额。

(2)输出商品信息(包括商品序号、商品名称、价格),供用户选择。

(3)用户选择商品序号,检测余额,余额足够就添加至购物车,并重新计算余额,不够就显示余额不够信息。

(4)退出时,打印已购买商品明细和余额。

4.1.1　列表创建和删除

Python 列表由一系列按特定顺序排列的元素组成,是 Python 中内置的可变序列。可变数据类型允许对元素进行增加、修改、删除和排序等操作,序列意味着可以通过索引号(位置)来访问元素。

在形式上,列表所有元素都放在一对中括号[ ]内,相邻元素间用英文逗号隔开,格式为:

```
[元素 1, 元素 2,元素 3,…,元素 n]
```

在内容上,可以将整数、实数、字符串、列表、元组等任何类型的内容放入列表中。在同一个列表中,元素类型可以不同,具有灵活性的特点。如果[]内没有任何内容,则表示空列表。

1. 列表对象的创建方式

(1)将一个列表直接赋值给列表变量。例如:

```
>>> data=[]   #空列表
>>> print(type(data))   #type 函数可以返回数据类型
<class 'list'>
>>> book=["论语", "周易", "诗经", "春秋"]
>>> print(book)
['论语', '周易', '诗经', '春秋']
```

```
>>> infor=['001', '孙小明', '男', 20]
>>> print(infor)
['001', '孙小明', '男', 20]
>>> alist=['hello', 20, [60, 70, 80]]   #列表中包含列表
>>> alist
['hello', 20, [60, 70, 80]]
>>> type(alist)   #输出变量的数据类型
<class 'list'>
```

(2)使用 list()将其他类型转化为列表。格式为:

```
list([iterable])
```

其中,参数 iterable 为要转化为列表的可迭代对象。可迭代对象指的是可以使用 for 循环来遍历的数据类型,包括字符串、列表以及将要学习的元组、字典等类型。list 函数返回列表对象。如果未给出参数,则返回空列表[]。

```
>>> list(range(10, 20, 2))   # 从 range 对象创建列表
>>>[10, 12, 14, 16, 18]
>>> s='abcdefg'
>>> a=list(s)        #从字符串创建列表
>>> print(a)
['a','b','c','d','e','f','g']
>>> empty_list=list()      #空列表
>>> print(empty_list)
[]
```

2. 列表的删除

列表不再使用时,可以删除。语法格式为:

```
del listname
```

其实,del 命令除了可以删除列表,还可以删除其他所有类型的变量。变量删除后,该变量就不存在,如果再引用该对象,就会报 NameError 异常,提醒该变量未定义。

```
>>> alist=[1, 2, 3, 4]
>>> del alist      #删除后,它就不存在了
>>> print(alist)
Traceback (most recent call last):
  File "<pyshell#11>", line 1, in <module>
    print(alist)
NameError: name 'alist' is not defined
```

4.1.2 列表遍历

1. 使用 for 循环获取遍历列表元素

使用 for 循环获取遍历列表元素的语法格式为：

```
for item in listname:
    pass
```

其中：listname 表示需要遍历的列表对象名；item 表示 listname 的每个元素；pass 表示空语句，不做任何操作。在使用过程中，将 pass 替换成其他语句。

```
>>> x=[2, 3, 4]
>>> for item in x:          #item:项,元素
        print(item)


2
3
4
```

2. 使用 for 循环和 enumerate 函数遍历列表元素和索引

enumerate 函数是 Python 的内置函数。Enumerate 的意思是枚举、列举。对于一个可迭代的(iterable)对象(如列表、字符串等)，enumerate 将其组成一个索引序列，利用它可以同时获得索引和值。enumerate 多用在 for 循环中以得到可迭代对象的元素及其索引值。

```
>>> x=[10, 20, 40]

>>> for index, item in enumerate(x):
    print(index, item)

0 10
1 20
2 40
```

【例 1】 输出中国古代伟大的 20 位思想家，逐行输出各个思想家。

代码：

```
print('中国古代伟大的 20 位思想家：')
thinker=['孔子', '老子', '庄子', '孟子', '朱熹', '王阳明', '韩非子', '荀子', '墨子', '董仲舒', '王充', '程颢', '程颐', '陆九渊', '陈献章', '湛若水', '黄宗羲', '顾炎武', '王夫之', '李贽']
```

```
for item in thinker:
print(item)
```

运行结果：

```
中国古代伟大的20位思想家：
孔子
老子
庄子
…
李贽
```

修改1：在例1的基础上，要求一行内输出。输出代码改为：

```
for item in thinker:
print(item,end=" ")
print()
```

运行结果：

```
中国古代伟大的20位思想家：
孔子　老子　庄子　孟子　朱熹　王阳明　韩非子　荀子　墨子　董仲舒　王充　程颢　程颐　陆九渊　陈献章　湛若水　黄宗羲　顾炎武　王夫之　李贽
```

修改2：在例1的基础上，要求多行输出，每行输出两个思想家。输出代码改为：

```
For index, item in enumerate(thinker):  # index 从 0 开始
    if index %2 == 0:  # index 为偶数时，输出后不换行
        print("%-3s\t" % item, end='')
    else:                          # index 为奇数时，输出后换行
        print("%-3s\t" % item)
```

运行结果：

```
中国古代伟大的20位思想家：
孔子　　老子
庄子　　孟子
朱熹　　王阳明
韩非子　荀子
墨子　　董仲舒
王充　　程颢
程颐　　陆九渊
陈献章　湛若水
黄宗羲　顾炎武
王夫之　李贽
```

修改3：在例1的基础上，要求使用二维列表来存储不同等级的思想家，并按不同等级输出。

```
print('中国古代伟大的20位思想家：')
thinker=[['孔子'],
        ['老子', '庄子', '孟子', '朱熹', '王阳明'],
        ['韩非子', '荀子', '墨子', '董仲舒', '王充', '程颢', '程颐', '陆九渊', '陈献章', '湛若水','黄宗羲', '顾炎武', '王夫之', '李贽']]
for index, lever in enumerate(thinker):
    #对于每个lever,输出:第N等级:各思想家
    print("第%d等:" % (index+1), end="")
    for item in lever:
        print(item, end=' ')
    print() #换行
```

运行结果：

```
中国古代伟大的20位思想家：
第1等:孔子
第2等:老子  庄子  孟子  朱熹  王阳明
第3等:韩非子  荀子  墨子  董仲舒  王充  程颢  程颐  陆九渊  陈献章  湛若水  黄宗羲  顾炎武  王夫之  李贽
```

以上将思想家分为三个等级，每个等级包含1个及以上的思想家，每个等级的思想家用列表来表示。由于列表元素为列表，故thinker为二维列表。二维列表的遍历，必须使用循环嵌套。代码中的循环语句有外循环和内循环，外循环获取每一个等级及其思想家列表，内循环输出当前等级思想家列表中的思想家。

4.1.3 列表元素访问

1. 列表元素索引

列表是Python中基本的数据结构，它是用于存放多个值的连续内存空间，并且按一定顺序排列。每一个元素都有一个编号，称为索引。

索引从0开始递增，即第一元素的索引值为0，第二元素的索引值为1，依次类推。这种索引称为正索引。

列表	元素1	元素2	元素3	元素4	…	元素n
正索引	0	1	2	3	…	n−1

索引可以是负数，从右向左计数，即最后一个元素的索引值是−1，倒数第二个元素的索引值是−2，依次类推。这种索引称为负索引。

列表	元素1	…	元素n−3	元素n−2	元素n−1	元素n
负索引	−n	…	−4	−3	−2	−1

使用索引可以获取相应的元素值。

```
>>>verse=['春眠不觉晓', '处处闻啼鸟', '夜来风雨声', '花落知多少']
>>>print(verse[2])
夜来风雨声
>>>print(verse[-1])
花落知多少
```

利用索引值和for循环可以获取每个元素。

```
>>> confidence=['道路自信','理论自信','制度自信','文化自信']
>>> for i in range(len(confidence)):
        print(confidence[i])

道路自信
理论自信
制度自信
文化自信
```

切片操作访问的元素的索引值不能超出列表索引值范围,否则会抛出异常。

```
>>> great_learning=['知止而后有定','定而后能静','静而后能安','安而后能虑','虑而后能得']
>>> print(great_learning[5])
Traceback (most recent call last):
  File "<pyshell#21>", line 1, in <module>
    print(great_learning[5])
IndexError: list index out of range
```

代码中列表great_learning存储《大学》里的五个名句,索引范围为0~4,而第二行语句要输出索引号为5的元素,因此抛出索引异常IndexError,提醒列表索引超出范围。

2. 列表元素切片

切片操作是访问列表中元素的另一种方法,可以访问一定范围内的元素。切片操作返回一个新列表。切片格式如下:

```
list_name[start : end : step]
```

参数含义如下:

start:表示切片开始的位置(包括该位置),如果不指定,则默认为0。

end:表示切片截止的位置(不包括该位置),如果不指定,则默认为序列长度。

step:表示切片步长(间隔),如果省略,则默认为1。

```
>>> country=['China', 'Mongolia', 'D. P. R. Korea', 'R. O. Korea', 'Japan']
```

```
>>> print('东亚国家有 5 个,分别是'+str(country))
东亚国家有 5 个,分别是['China', 'Mongolia', 'D. P. R. Korea', 'R. O. Korea', 'Japan']
>>> print('除中国以外的东亚国家有 4 个,分别是:'+str(country[1:]))
除中国以外的东亚国家有 4 个,分别是:['Mongolia', 'D. P. R. Korea', 'R. O. Korea', 'Japan']
```

下面是一些列表常用切片操作：

```
>>>alist=[0, 1, 2, 3, 4, 5, 6, 7, 8, 9]
>>>alist[:5]          #取前一部分
[0, 1, 2, 3, 4]
>>>alist[-5:]         #取后一部分
[5, 6, 7, 8, 9]
>>>alist[::2]         # 取奇数位置元素
[0, 2, 4, 6, 8]
>>>alist[1::2]        # 取偶数位置元素
[1, 3, 5, 7, 9]
>>>alist[::-1]        # 逆着截取整个列表
[9, 8, 7, 6, 5, 4, 3, 2, 1, 0]
```

4.1.4 列表元素增删改

1. 添加元素

1)列表加法

可以使用“+”将列表 1 和列表 2 拼接成一个新列表。如果将新列表重新赋值给列表 1,相当于在列表 1 内添加了列表 2 中的元素。

```
>>>major=['工测', '地信', '房检', '土管']        # 原有专业
>>>major_new=['无人机', '遥感', '国土']        # 新增专业
>>>major=major+major_new                      #现有专业
>>>print('测绘学院所有专业:'+str(major))
测绘学院所有专业:['工测', '地信', '房检', '土管', '无人机', '遥感', '国土']
```

代码中,major 和 major_new 相加后产生一个新列表,该列表赋值给 major,在内容上相当于在 major 中增加了新专业。实际上,并非在 major 原有列表的基础上添加,而是加法运算产生一个全新的列表,再重新赋值给 major。

2)列表乘法

listname * n 或者 n * listname,将原列表 listname 复制 n 份,然后拼接在一起,产生一个新列表。

```
>>> data = [1,2,3,4]
>>> print(data * 3)
[1, 2, 3, 4, 1, 2, 3, 4, 1, 2, 3, 4]
>>> emptylist = 5 * [None]      #None 为保留字,表示“空”
>>> print(emptylist)
[None, None, None, None, None]
```

3)append 方法

append 方法用于在列表的最后添加一个新的元素,每次只能添加一个元素。语法格式:

```
listname.append(obj)
```

其中,obj 为要添加的元素。

```
>>> city = ['武汉', '广州', '北京', '上海', '重庆']
>>> print(len(city))  # len 函数返回列表长度(元素个数)
5
>>> city.append('天津')  # 将天津追加到列表
>>> print(len(city))  #长度
6
>>> print(city)
['武汉', '广州', '北京', '上海', '重庆', '天津']
```

4)extend 方法

extend 方法用于在列表末尾添加另一个列表中的多个元素。语法格式如下:

```
listname.extend(iterable)
```

其中,iterable 表示要添加的元素,可以为列表、元组、集合、字符串等可迭代对象。

```
>>> country = ['China', 'Mongolia', 'D. P. R. Korea','R. O. Korea', 'Japan']
>>> country_new = ['Australia', 'Thailand']  # 新增国家
>>> country.extend(country_new)          #列表扩容
>>> print(country)
['China', 'Mongolia', 'D. P. R. Korea', 'R. O. Korea', 'Japan', 'Australia', 'Thailand']
```

在列表中,可以添加字符串中的字符,比如:

```
a = [1, 2, 3]
f = "this is a test"
a.extend(f)
print(a)
```

输出:

```
[1, 2, 3, 't', 'h', 'i', 's', '', 'i', 's', '', 'a', '', 't', 'e', 's', 't']
```

extend 方法不同于加法运算,加法运算会产生一个全新的列表,而 extend 方法是在原列表基础上进行追加。

5)insert 方法

列表的 insert 方法可以将元素插入指定索引位置。insert 方法语法如下:

```
listname.insert(index,obj)
```

参数含义如下:

index:对象 obj 要插入的索引值。

obj:要插入列表中的对象。

该方法没有返回值,但会在列表 index 位置插入指定对象,插入后原有位置的元素后移。如果 index 不存在,则会插到列表末尾。可以将 append 方法看作 insert 方法的一种特例,append 永远将新的元素写到列表的末尾。

```
>>>h = [1, 2, 3]
>>>h.insert(0, 'first')  #在0位插入'first'
>>> print(h)
['first', 1, 2, 3]
>>>h.insert(2, 'second') #在2位插入'second'
>>>print(h)
['first', 1, 'second', 2, 3]
>>>h.insert(-1, 'end')  #在-1位插入'end'
>>>print(h)
['first', 1, 'second', 2, 'end', 3]
>>>h.insert(len(h), 'real_end')  # 插至末尾
>>> print(h)
['first', 1, 'second', 2, 'end', 3, 'real_end']
```

2.删除元素

1)根据索引删除元素

可以根据索引值删除对应的列表元素,语法格式:

```
del listname[index]
```

其中,index 为要删除元素的索引。

```
>>>data=[1, 2, 3, 4, 5, 6, 7, 8, 9]
>>> del data[-1] #删除最后一个元素
>>> print(data)
[1, 2, 3, 4, 5, 6, 7, 8]
>>> del data[1]  #删除第二个元素
>>> print(data)
[1, 3, 4, 5, 6, 7, 8]
```

要删除元素的索引不能超出范围，否则产生索引异常 IndexError，提醒列表索引超出范围。

```
>>>data=[1, 2, 3, 4, 5, 6, 7, 8, 9]
>>> del data[9]         #9 超出索引范围
Traceback (most recent call last):
  File "<pyshell#33>", line 1, in <module>
    del data[9]
IndexError: list assignment index out of range
```

为安全起见，在删除元素时，可以先用判断语句判断要删除的元素索引是否存在，如果存在才予以删除。

```
data=[1, 2, 3, 4, 5, 6, 7, 8, 9]
index= int(input("请输入要删除的元素序号(从 0 开始计算):"))
if index >=0 and index<len(data):
    del data[index]
print(data)
```

运行结果：

```
请输入要删除的元素序号(从 0 开始计算):10
[1, 2, 3, 4, 5, 6, 7, 8, 9]
```

2)remove **方法**

根据元素值进行删除列表元素，可以使用 remove 方法。语法格式：

```
listname.remove(obj)
```

其中，listname 表示待删除元素的列表，obj 是要删除的元素值。该方法没有返回值，但是会移除列表中的某个值的第一个匹配项。如果列表中存在多个匹配的元素，那么它只会删除最左边第一个。

```
>>> data=[1, 2, 3, 4, 5, 6, 7, 8, 9]
>>> data.remove(9)
>>> print(data)
[1, 2, 3, 4, 5, 6, 7, 8]
```

如果要删除的元素 obj 不存在，则会抛出数值异常 ValueError，提醒要删除的元素不在列表中。

```
>>> data=[1, 2, 3, 4, 5, 6, 7, 8, 9]
>>> data.remove("9")  #列表有 9,但没有"9"
Traceback (most recent call last):
  File "<pyshell#55>", line 1, in <module>
    data.remove("9")  #列表有 9,但没有"9"
ValueError: list.remove(x): x not in list
```

为了安全，在删除元素 obj 之前，使用 if 语句判断 obj 是否存在列表中。

```
data=[1, 2, 3, 4, 5, 6, 7, 8, 9]
obj=eval(input("请输入要删除的元素:"))
if obj in data:
    data.remove(obj)
else:
    print("要删除的元素不在列表中")
print(data)
```

运行结果:

```
请输入要删除的元素:"9"
要删除的元素不在列表中
[1, 2, 3, 4, 5, 6, 7, 8, 9]
```

如果列表中存在多个匹配的元素,那么 remove 方法只会删除最左边第一个。如果要删除所有匹配元素,可以使用循环来完成:

```
data=[1, 1, 3, 4, 1, 1]
obj=int(input("请输入要删除的元素:"))
while obj in data:
    data.remove(obj)
```

运行结果:

```
请输入要删除的元素:1
```

删除所有 1 后,列表内容为:[3, 4]。

3)pop 方法

pop()方法通过指定元素的索引值来移除列表中的某个元素(默认是最后一个元素),并且返回该移除元素的值,语法格式为:

```
listname.pop([index=-1])
```

其中:listname 表示待移除元素的列表;index 为可选参数,是要从列表中移除的元素的索引值,默认索引值是-1。该方法返回从列表中移除的元素的值,如果列表为空或者索引值超出范围会报一个异常。

```
>>> data = [1, 2, 3, 4, 5, 6, 7, 8, 9]
>>> x = data.pop()      #删除最后一个元素
>>> print(x)
9
>>> print(data)
[1, 2, 3, 4, 5, 6, 7, 8]
>>> x = data.pop(1)     #删除索引为 1 的元素
>>> print(data)
```

```
[1, 3, 4, 5, 6, 7, 8]
>>> data.pop(10)       #10 超出索引范围,执行时抛出异常错误
Traceback (most recent call last):
  File "<pyshell#77>", line 1, in <module>
    data.pop(10)
IndexError: pop index out of range
```

4)clear 方法

clear 方法用于清空列表所有内容。语法格式为:

```
listname.clear()
```

其中,listname 表示待清空元素的列表。清空后的列表为空列表。

```
>>> data = [1, 2, 3, 4, 5, 6, 7, 8, 9]
>>> data.clear()
>>> print(data)
[]
```

【例 2】 随机生成一个包含 10 个 0~100 之间整数的列表,并在一行内输出各元素。

```
import random      #random 为随机数模块

#产生随机数,存储到列表中
data=[]                      #产生一个空列表,用于存储随机数
for i in range(10):            #随机产生整数,并添加到列表中
    #randint 函数产生 0~100 之间的随机整数
    num=random.randint(0, 100)
    data.append(num)        #在列表中删除 num

#在一行内输出列表元素
print("列表元素:", end="")       #end 设置不换行
for item in data:
    print(item, end=" ")
print()
del data    #删除列表
```

3.修改元素

修改列表中的元素只需要通过索引获取该元素,然后再为其重新赋值即可。

```
>>>shop_online = ['Taobao', 'T-mall', 'JD', 'VIPSHOP', 'Suning']
>>>shop_online[4] = 'Amazon'
>>>print(shop_online)
['Taobao', 'T-mall', 'JD', 'VIPSHOP', 'Amazon']
```

4.1.5 列表统计

1. 获取指定对象出现的次数

列表 count() 方法用于计算列表中给定对象出现的次数。语法格式：

```
listname.count(obj)
```

其中，obj 为要查找计数的对象。count() 方法返回指定元素在列表中出现的次数，如果 obj 在列表中不存在，则返回 0。判断对象是否存在，只能精确匹配，不能是元素的一部分。

```
>>>webshop = ['Taobao','Tmall','JD','VIPSHOP','Suning','Taobao']
>>> print("Taobao 出现的次数:",webshop.count ('Taobao'))
Taobao 出现的次数: 2
>>> print("Tao 出现的次数:",webshop.count ('Tao'))
Tao 出现的次数: 0
```

【例 3】 英语单词统计的例子：

```
text = 'I love Python very much and I want to learn Python well'
words = text.split(' ')    #拆分
print("拆分后的单词列表:", words)
n = words.count("Python")
print("Python 出现的次数:", n)
```

运行结果：

```
['I', 'love', 'Python', 'very', 'much', 'and', 'I', 'want', 'to', 'learn', 
'Python', 'well']
Python 出现的次数: 2
```

2. 获取指定对象的索引值

index 方法搜索列表中的元素并返回其索引值，语法格式为：

```
list.index(obj,[start=None,end=None])
```

各参数含义如下：

(1)obj:需要指定索引的对象。

(2)start:可选;起始值，表示开始索引的位置;默认从第一个位置开始。

(3)end:可选;结束值，表示结束索引的位置;默认为最后的位置结束。

从列表中获取指定索引元素的第一个匹配位置：

```
>>>webshop = ['Taobao','Tmall','JD','VIPSHOP','Suning','Taobao']
```

```
>>>print ("Taobao第一次出现的索引号:", webshop.index('Taobao'))
Taobao第一次出现的索引号: 0
```

如果 obj 不存在,则抛出数值异常 ValueError,提醒查找的对象不存在于列表中。

```
>>>webshop = ['Taobao', 'Tmall','JD', 'VIPSHOP', 'Suning', 'Taobao']
>>> print (webshop.index('Tao'))
Traceback (most recent call last):
  File "<pyshell#22>", line 1, in <module>
    print (webshop.index('Tao'))
ValueError: 'Tao' is not in list
```

【例4】 输出指定对象出现的所有次数。

程序代码:

```
webshop = ['Taobao', 'Tmall', 'JD', 'VIPSHOP', 'Suning', 'Taobao']
start = 0        #开始索引位置
end = len(webshop)   #结束索引位置
count = webshop.count("Taobao")   # Taobao出现的次数
for i in range(count):
    index = webshop.index('Taobao', start, end)
    print("Taobao第%d次出现的索引号:%d" % (i, index))
    start = index+1    #更新下次开始索引位置
```

运行结果:

```
Taobao第0次出现的索引号:0
Taobao第1次出现的索引号:5
```

3.统计数值列表的元素和

可以使用 sum 函数统计数值列表各元素之和。sum 为 Python 内置函数,语法格式为:

```
sum(iterable[, start])
```

各参数说明如下:

iterable:列表等可迭代对象。

start:可选参数,指定开始相加的索引值,如果没有设置这个值,默认为0。

```
>>> grade=[98, 87, 67, 84, 92, 88, 90, 75]  #定义分数列表
>>> total=sum(grade)          #不是grade.sum()
>>> print( "总分:" , total)
总分:681
```

4.计算列表的长度、最大值和最小值

Python 提供了内置的函数来计算序列的最大值、最小值和长度，分别是：

(1)max(listname)函数返回序列中的最大元素。

(2)min(listname)函数返回序列中的最小元素。

(3)使用 len(listname)函数计算序列的长度，即返回序列中包含了多少个元素。

```
>>> grade=[98, 87, 67, 84, 92, 88, 90, 75]
>>> print("成绩个数：", len(grade))
成绩个数：8
>>> print("平均成绩：", sum(grade)/ len(grade))
平均成绩：85.125
>>> print("最高成绩：", max(grade))
最高成绩：98
>>> print("最低成绩：", min(grade))
最低成绩：67
```

4.1.6 列表排序

1.使用列表对象的 sort()方法

sort 方法用于列表排序，语法格式：

```
listname.sort(key=None, reverse= False)
```

各参数说明如下：

key：可选参数，设置排序规则，可设置为内置函数或自定义函数。例如，设置 key=str.lower，则对每个元素先执行 lower 函数变小写后，再排序。

reverse：可选参数，用于设置排序方向。当 reverse 设置为 True 时，降序；当 reverse 设置为 False 时，升序。默认值为 False。

```
>>> grade=[98, 87, 67, 84, 92, 88, 90, 75]
>>> grade.sort()        #运行后 grade 重新排序
>>> print('升序:', grade)
升序:[67, 75, 84, 87, 88, 90, 92, 98]
>>>
>>> grade.sort(reverse=True)    #参数 reserve:反过来
>>> print('降序:', grade)
降序:[98, 92, 90, 88, 87, 84, 75, 67]
>>>
```

```
>>> grade.reverse()   #reverse方法,逆着输出
>>> print('逆序:', grade)
逆序:[67, 75, 84, 87, 88, 90, 92, 98]
```

以上代码中 reverse 方法为列表对象方法,功能是将列表元素翻转过来。

sort 方法除了适用数值列表,也适用于字符串列表。以下代码排序区分字符大小写。

```
>>> #一般排序
>>> strList=['fast', 'is', 'Fast', 'is', 'cat']
>>> strList.sort()
>>> print(strList)
['Fast', 'cat', 'fast', 'is', 'is']
```

排序时,不区分字符大小写:设置 key=str.lower,表示排序前先将字符串转化为小写。

```
>>> strList.sort(key=str.lower)   #str.lower为字符串函数,将字符串转化为小写
>>> print(strList)
['cat', 'Fast', 'fast', 'is', 'is']
```

按照字符串长度排序:设置 key=len,表示排序前先将字符串转化为字符串长度。

```
>>> strList.sort(key=len)   #len为内置函数,用于返回可迭代对象的长度
>>> print(strList)
['is', 'is', 'cat', 'Fast', 'fast']
>>> strList.sort(key=len, reverse=True)   #按字符串长度降序排列
>>> print(strList)
['Fast', 'fast', 'cat', 'is', 'is']
```

2.使用内置的 sorted 函数

sorted 函数为 Python 内置函数,其功能是对字符串、列表等可迭代对象进行排序。语法格式如下:

```
listname= sorted(iterable, key=None, reverse=False)
```

各参数含义如下:

iterable:指定的可迭代对象。

key:设置排序规则,可设置为内置函数或自定义函数。

reverse:可选参数,用于设置排序方向。当 reverse 设置为 True 时,降序;当 reverse 设置为 False 时,升序。默认值为 False。

sorted 函数运行后,列表本身不发生改变,但返回一个排序后的列表。这一点与列表对象的 sort 方法不同。列表对象 sort 方法返回 None,但列表本身会排好序。

```
>>> grade=[98, 87, 67, 84, 92, 88, 90, 75]
>>> grade_new=sorted(grade)   #执行后 grade 没变
>>> print('升序:', grade_new)
升序:[67, 75, 84, 87, 88, 90, 92, 98]
>>> grade_new2=sorted(grade, reverse=True)
>>> print('降序:', grade_new2)
降序:[98, 92, 90, 88, 87, 84, 75, 67]
>>>print(grade)   #看看列表本身有无发生改变
[98, 87, 67, 84, 92, 88, 90, 75]
```

4.1.7 列表表达式

列表表达式可以快速生成一个列表,或者根据某个列表生成满足指定需求的列表。

1. 生成指定范围内的数值列表

```
listname=[expression for var in range]
```

其中,var 为循环变量,range 为 range 对象,expression 为表达式,可以与 var 无关,也可以为 var 的表达式。

```
>>> a1=[2 for i in range(1, 11)]
>>> a1
[2, 2, 2, 2, 2, 2, 2, 2, 2, 2]
>>>
>>> a2=[i for i in range(1, 11)]
>>> a2
[1, 2, 3, 4, 5, 6, 7, 8, 9, 10]
>>>
>>>a3=[i ** 2 for i in range(1, 11)]
>>>a3
[1, 4, 9, 16, 25, 36, 49, 64, 81, 100]
```

【例 5】 使用列表表达式生成一个包括 10 个随机数的列表,要求随机数在 50~100 之间。

程序代码:

```
import random   #导入随机数模块
#randint 函数产生 50~100 之间的随机整数
data=[random.randint(50, 100) for i in range(10)]
print('随机数列表:', data)
```

运行结果:

```
随机数列表:[80, 74, 93, 97, 90, 91, 77, 55, 88, 90]
```

思考:如果不采用列表表达式,如何编码?

```
import random    #导入随机数模块
data=[]
for i in range(10):
    num=random.randint(50, 100)
    data.append(num)
print('随机数列表:', data)
```

2.根据已有列表生成指定需求的列表

```
newlistname=[expression for var in listname]
```

其中,var 为循环变量,listname 为已有列表对象,expression 为表达式,可以与 var 无关,也可以为 var 的表达式。

```
>>># 将角度由度转化为弧度。弧度计算:度 * 3.14/180。
>>>degree=[30, 60, 90, 180]
# round(x,2)保留 x 的 2 个小数点
>>>radian=[round(item * 3.14 / 180, 2) for item in degree]
>>>print("弧度:", radian)
弧度:[0.52, 1.05, 1.57, 3.14]
```

【例 6】 对某商店的 6 种商品,随机生成 100 元至 900 元之间的整数,构成价格列表,并打五折,最后输出原价格列表和五折价格列表。

程序代码:

```
import random
price=[random.randint(100, 900) for i in range(6)]
print ('商品原价格:', price)
#对每个价格打五折后取整数,int 函数取整
sale_off=[int(x * 0.5) for x in price]
print('五折价格:', sale_off)
```

运行结果:

```
商品原价格:[244, 673, 811, 205, 186, 538]
五折价格:[122, 336, 405, 102, 93, 269]
```

思考:如果不采用列表表达式,对于 sale_off=[int(x * 0.5) for x in price],应该如何编写?

```
sale_off=[]
for x in price:
    sale_off.append(int(x * 0.5))
```

3.从已有列表中选择符合条件的元素组成新的列表

从已有列表中选择符合条件的元素组成新的列表的语法结构为：

```
newlistname=[expression for var in listname in condition]
```

其中，var 为循环变量，listname 为已有列表对象，expression 为表达式，可以与 var 无关，也可以为 var 的表达式。in condition 为条件表达式，用于指定筛选条件。

```
#求 1 到 10 之间所有偶数的平方
square=[i * * 2 for i in range(1, 11) if i % 2== 0]
print("1 到 10 之间所有偶数的平方:", square)
```

【例 7】 对某商店的 6 种商品，随机生成 100 元至 900 元之间的整数，构成价格列表，并打五折，最后输出原价格列表、五折价格列表、折后高于 300 元的价格列表。

程序代码：

```
import random
price = [random.randint(100, 900) for i in range(6)]
print ('商品原价格:', price)
#对每个价格打五折后取整数,int 函数取整
sale_off = [int(x * 0.5) for x in price]
print('五折价格:', sale_off)
sale = [x for x in sale_off if x > 300]
print('折后高于 300 元:', sale)
```

运行结果：

```
商品原价格:[126, 159, 795, 513, 235, 868]
五折价格:[63, 79, 397, 256, 117, 434]
  折后高于 300 元:[397, 434]
```

思考：如果不采用列表表达式，对于 sale=[x for x in sale_off if x > 300]，应该如何编写？

```
sale=[]
for x in sale_off:
if x>300:
        sale.append(x)
```

4.1.8 任务实现

根据任务分析和所学知识，可以按以下方式进行处理：

(1)创建 products，保存各种商品名称和价格。

(2)用户输入买东西的金额。

(3)显示各商品序号、名称、价格，供用户选择。

(4)用户输入要购买的商品序号，通过 product 获取相应商品名称和价格。如果余额

足够，则告知用户将该商品添加到购物车，并计算余额；如果余额不够，就提醒用户余额不足。使用循环结构，让用户多次购买，直到用户退出。

(5)退出时，打印已购买商品列表和余额。

根据以上思路，编写如下代码：

```
products = [['方便面', 6], ['矿泉水', 3], ['百事可乐', 4],
            ['火腿肠', 12], ['钢笔', 10], ['笔记本', 10]]   # 商品列表
shopping_list = []   #初始化购物车
money = int(input("请输入你的购买金额:"))
while True:
    for index, item in enumerate(products):#显示商品
        print(index, item)
    option = input("请输入您要购买商品的编号(按 q 退出):")
#选择想买商品的编号
    if option.isdigit():
        option = int(option)
        option_product = products[option]   #取得你要购买的商品
        if option_product[1] <= money:   #钱够
            shopping_list.append(option_product)   #将商品加入购物车
            money -= option_product[1]   #求余额
            print("您选择的商品已加入购物车,您的余额为:%d" %money)
        else:
            print("您的当前余额为%d,余额不足。" %money)
#余额不足的情况
    elif option== 'q':   #当输入为q的时候,退出并打印商品列表
        print("---------购买商品的列表---------")
        for p in shopping_list:
            print(p)
        print("您的余额是:%d" %money)
        break
print("期待您的再次光临!")
```

小结

列表由一系列按特定顺序排列的元素组成，是 Python 中内置的可变序列。列表的常用操作和方法总结如下：

(1)列表遍历。遍历列表元素，使用 for item in listname；遍历列表索引和元素，使用 for index,item in enumerate(listname)。

(2)列表元素访问，包括索引和切片操作：listname[index]，listname[start：end：

step]。

(3)列表元素添加,主要有加法运算、乘法运算、append 方法、extend 方法、insert 方法。

(4)列表元素删除,主要有 del 命令、remove 方法、pop 方法、clear 方法。

(5)列表元素统计,主要有 sum、max、min、len 等内置函数。

(6)列表元素排序,主要有 sort 方法和 sorted 函数。前者执行没有返回,直接作用在列表本身;后者执行后返回排序好的列表,但自身列表没有变化。

(7)列表表达式。列表表达式可以快速生成列表,常见形式有:listname=[expression for var in range],newlist=[expression for var in list],newlist=[expression for var in list in condition]

实训:数据管理系统

1 实训目标

(1)掌握列表创建、遍历、元素访问、增删改、排序等操作。

(2)掌握利用循环语句建立运行用户接口,允许用户反复输入。

2. 需求说明

程序运行之后,显示如下用户接口,并完成相关代码的编写。

请输入选项

1. 显示数据

2. 添加整数

3. 查找数据

4. 删除数据

5. 排序

6. 退出

其中:对于查找数据,提供按索引查找和按值查找两种模式;对于删除数据,提供按索引删除、按元素值删除、删除最后一个元素和清空所有元素;排序提供降序和升序两种模式。

3. 实训步骤

(1)创建一个列表对象,包含几个数值。后续所有操作都在该列表上进行。

(2)使用 while 循环,允许用户多次操作。首先显示操作事项,供用户选择;用户选择后,使用多分支 if 结构来完成相应事项的操作。

习题

一、选择题

1. 以下程序的输出结果是(　　)。

```
L2 = [1,2,3,4]
L3 = L2.reverse()
print( L3)
```

A. [4, 3, 2, 1]　　B. [3, 2, 1]　　C. [1,2,3,]　　D. None

2. 对于列表 ls 的操作,以下选项中描述错误的是(　　)。

A. ls.clear():删除 ls 的最后一个元素

B. ls.copy():生成一个新列表,复制 ls 的所有元素

C. ls.reverse():列表 ls 的所有元素反转

D. ls.append(x):在 ls 最后增加一个元素

3. 关于 Python 的列表,描述错误的选项是(　　)。

A. Python 列表是包含 0 个或者多个对象的有序序列

B. Python 列表用中括号[]表示

C. Python 列表是一个可以修改数据项的序列类型

D. Python 列表的长度不可变

4. 以下代码输出(　　)。

```
L2=[[1,2,3,4],[5,6,7,8]]
L2.sort(reverse=True)
print( L2)
```

A. [5, 6, 7, 8], [1, 2, 3, 4]　　B. [[8,7,6,5], [4,3,2,1]]

C. [8,7,6,5], [4,3,2,1]　　D. [[5, 6, 7, 8], [1, 2, 3, 4]]

5. 下面程序的输出结果是(　　)。

```
a=["a","b","c"]
b=a[::-1]
print(b)
```

A. ['a', 'b', 'c']　　B. 'c', 'b', 'a'

C. 'a', 'b', 'c'　　D. ['c', 'b', 'a']

6. 以下关于列表操作的描述,错误的是(　　)。

A. 通过 append 方法可以向列表添加元素

B. 通过 extend 方法可以将另一个列表中的元素逐一添加到列表中

C. 通过 insert(index,object)方法在指定位置 index 前插入元素 object

D. 通过 add 方法可以向列表添加元素

7. 下面代码的执行结果是(　　)。

```
ls=[[1,2,3],[[4,5],6],[7,8]]
print(len(ls))
```

A. 3　　B. 4　　C. 8　　D. 1

8. 下面代码的运行结果是(　　)。

```
ls=[3.5, "Python",[10, "LIST"], 3.6]
ls[2][-1][1]
```

A. I　　B. P　　C. Y　　D. L

9. 以下关于列表和字符串的描述，错误的是(　　)。

A. 列表使用正向递增序号和反向递减序号的索引体系

B. 列表是一个可以修改数据项的序列类型

C. 字符和列表均支持成员关系操作符(in)和长度计算函数(len())

D. 字符串是单一字符的无序组合

10. 下面代码的输出结果是(　　)。

```
vlist = list(range(5))
print(vlist)
```

A. 0 1 2 3 4　　B. 0,1,2,3,4　　C. 0;1;2;3;4　　D. [0, 1, 2, 3, 4]

二、判断题

1. 同一个列表对象中的元素类型必须相同。(　　)

2. 已知列表 x 中包含超过 5 个以上的元素，那么语句 x=x[:5]+x[5:] 的作用是将列表 x 中的元素循环左移 5 位。(　　)

3. 只能通过切片访问列表中的元素，不能使用切片修改列表中的元素。(　　)

4. 假设 x 是含有 5 个元素的列表，那么切片操作 x[10:]是无法执行的，会抛出异常。(　　)

5. 使用列表对象的 remove()方法可以删除列表中首次出现的指定元素，如果列表中不存在要删除的指定元素则抛出异常。(　　)

6. 使用 Python 列表的方法 insert()为列表插入元素时会改变列表中插入位置之后元素的索引。(　　)

7. 假设 x 为列表对象，那么 x.pop()和 x.pop(-1)的作用是一样的。(　　)

8. 列表对象的 append()方法属于原地操作，用于在列表尾部追加一个元素。(　　)

三、编程题

1. 列表生成和输出。使用 input 函数输入将要输入的数值个数 N，然后由用户输入 N 个数值，并保存到一个列表中，最后在一行内输出列表的所有元素。

2. 自定义数值列表，并自行进行赋值，计算列表的平均值、最大值、最小值、中数和标准差。

任务 4.2　使用元组计算个人所得税

任务描述

2018 年 10 月 1 日开始执行最新费率的个人所得税(见表 4-1)，使用元组编写代码，实现个人所得税的计算。

表 4-1　个人所得税税率表(综合所得适用)

级数	新个税(2018 年 10 月 1 日后,每月收入额减除 5000 元)		
	应纳税所得额(含税)	税率(%)	速算扣除数
1	不超过 3000 元的部分	3	0
2	超过 3000 元至 12 000 元的部分	10	210
3	超过 12 000 元至 25 000 元的部分	20	1410
4	超过 25 000 元至 35 000 元的部分	25	2660
5	超过 35 000 元至 55 000 元的部分	30	4410
6	超过 55 000 元至 80 000 元的部分	35	7160
7	超过 80 000 元的部分	45	15 160

任务分析

(1)用户输入收入,如果收入大于 5000 元,计算应纳税所得额。

(2)根据应纳税所得额查表得到税收档次及对应的税率和扣除额。

(3)计算个人所得税,其值等于应纳税所得额×税率－速算扣除数。

(4)输出计算的个人所得税。

4.2.1　元组创建和删除

Python 元组是由一系列按特定顺序排列的元素组成的,是 Python 中内置的不可变序列。元组是不可变的,意味着元组的元素不能被增加、删除和修改。

在形式上,元组所有元素都放在一对小括号"()"内,相邻元素间用英文逗号隔开,格式为:

```
(元素 1,元素 2,元素 3,…,元素 n)
```

在内容上,可以将整数、实数、字符串、列表、元组等任何类型的数据放入元组中,并且在同一个元组中,元素的类型可以不同,具有较大灵活性。比如下面代码将整数、字符串、浮点数、列表都放在一个元组中。

```
>>> data = (1, "a", 1.2, [2,3])
>>> type(data)   #输出 data 的数据类型
<class 'tuple'>
>>> print(data)
(1, 'a', 1.2, [2, 3])
```

1. 元组对象的创建方式

(1)使用赋值运算符直接创建元组,语法格式为:

```
tuplename = (element1,element2,element3,…)
```

比如:

```
>>> number = (520, 521, 1314, 1314520, 5209999)
>>> music = ('渔舟唱晚', '高山流水', '出水芙蓉', '春花秋月')
>>> title = ('Python', 28, ('姓名', '学号'), ['小学', '初中', '高中', '大学'])
>>> province = ("广东", "河北", "陕西")
```

需要注意的是,当元组只包含一个元素时,要在元素后面添加英文逗号。

```
>>>book1 = ('Python 使用手册',)  #元素后面有逗号
>>>book2 = ('Python 使用手册')
>>>print(type(book1))
<class 'tuple'>
>>>print(type(book2))
<class 'str'>
```

以上 book1 为包含一个元素的元组,而 book2 为字符串。book2 外面的括号被 Python 解释器当成运算符中的小括号()。

(2)创建空元组,语法格式为:

```
emptytuple = ()
```

空元组应用在函数中,被用于传递一个空值,或者返回空值。例如,当定义一个函数必须传递一个元组类型的值,还不想为它传递一组数据时,就可以创建一个空元组并传递给它。

(3)创建数值元组。元组可通过 tuple 函数来创建,语法格式为:

```
tuple([iterable])
```

其中,参数 iterable 为要转换为元组的可迭代对象。可迭代对象指的是可以使用 for 循环来遍历的数据类型,包括字符串、列表等类型。tuple 函数返回元组对象。如果未给出参数,则返回空元组()。

```
>>>tuple(range(1,10,2)) # 将 range 对象转化为元组
(1, 3, 5, 7, 9)
>>> tuple("father") #将字符串转化为元组
('f', 'a', 't', 'h', 'e', 'r')
>>> tuple([3,6,9])  #将列表转化为元组
(3, 6, 9)
```

2. 元组的删除

元组创建完后,可以使用 del 命令删除。语法格式为:

```
del tuplename
```

其实,del 命令除了可以删除元组对象,还可以删除其他所有类型的变量。变量删除后,该变量就不存在,如果再引用该变量,就会报 NameError 异常,提醒该变量未定义。

```
>>> atuple=(1, 2, 3, 4)
>>> del atuple   #删除后,它就不存在了
```

4.2.2 元组访问

元组属于序列,可用索引获取对应的元素,也可用切片截取一段元素。

```
>>> num = tuple(range(10))
>>> print(num)
(0, 1, 2, 3, 4, 5, 6, 7, 8, 9)
>>> print(num[2])  #获取索引值为 2 的元素
2
>>> print(num[1::2])   #输出偶数位
(1, 3, 5, 7, 9)
>>> print(num[::-1])   #逆序输出
(9, 8, 7, 6, 5, 4, 3, 2, 1, 0)
```

对于元组的元素为列表、元组等类型,依然可以使用索引值获取元素值或者元素的部分内容,例如:

```
>>> values=(["富强", "民主", "文明", "和谐"], ["自由", "平等", "公正", "法治"], ["爱国", "敬业", "诚信", "友善"])  #元组元素为列表
>>> print(values[1])  #获取第 2 个元素
['自由', '平等', '公正', '法治']
>>> print(values[1][2])  #获取第 2 个元素的第三项内容
公正
```

【例 1】 将数值转化为汉字,比如 3.14 转化为"三点一四"。

程序代码:

```
chinese_number = ("零", "一", "二", "三", "四", "五", "六", "七", "八", "九")
number_str = input("请输入一个数值:")  # number_str 为数值字符串
n = len(number_str)   #获取字符串长度
for i in range(n):
    #对第 i 个数字字符,如果是".",输出点,否则输出对应的中文数字
    digit = number_str[i] #获取第 i 个字符
    if digit == ".":    # number_str[i]为第 i 个数字字符
        print("点", end="")
    else:
        num = int(digit) #将数字字符转化为数字
        print(chinese_number[num], end="")
print()   #换行
```

运行结果：

```
请输入一个数值:3.14159
三点一四一五九
```

【例 2】 用元组存储《长歌行》每句诗，并按以下格式输出。

长歌行
青青园中葵，朝露待日晞。
阳春布德泽，万物生光辉。
常恐秋节至，焜黄华叶衰。
百川东到海，何时复西归。
少壮不努力，老大徒伤悲。

程序代码：

```
title = "长歌行"
verse = ("青青园中葵", "朝露待日晞", "阳春布德泽", "万物生光辉", "常恐秋节至", "焜黄华叶衰", "百川东到海", "何时复西归", "少壮不努力", "老大徒伤悲")
print(" "  * 7+title)     #在标题前输出 7 个空格
for index, item in enumerate(verse):
# enumerate 函数获取元组的索引值和元素值
    if index %2 == 0:  #判断是否为偶数,为偶数时不换行
        print(item +",", end='')
    else:
        print(item +"。")  # 换行输出
```

运行结果：

```
       长歌行
青青园中葵,朝露待日晞。
阳春布德泽,万物生光辉。
常恐秋节至,焜黄华叶衰。
百川东到海,何时复西归。
少壮不努力,老大徒伤悲。
```

4.2.3 元组修改

元组是不可变序列，是不能够更改的。现在测试一下，看看能否使用索引值修改元素的值。比如现有元组 confidence=('方向自信', '理论自信', '制度自信', '文化自信')，其中，第一个元素"方向自信"有误，应修改为"道路自信"。

```
>>> confidence = ('方向自信', '理论自信', '制度自信', '文化自信')
>>> confidence[0] = '道路自信'     #尝试修改元素值
```

```
Traceback (most recent call last):
  File "<pyshell#3>", line 1, in <module>
    confidence[0] = '道路自信'
TypeError: 'tuple' object does not support item assignment
>>>
```

第二行代码执行时，抛出类型异常 TypeError，提醒元组对象不支持元素赋值。因为元组本身为不可变序列，不用通过元素赋值直接修改元素值。本质上，元组是不能修改元组元素的地址的，如果使用其他方法修改内容但不修改地址，是可以的。比如：

```
>>> t = ('孙小明',['武术', '朗诵'])
>>> t[1].append("绘画")  #在爱好列表中添加"绘画"
>>> t
('孙小明', ['武术', '朗诵', '绘画'])
```

以上代码中的第二行，将"绘画"添加到元组中的爱好列表中。当然，这种修改方式只适合于列表等可变数据类型。

如果元组元素为数值、字符串等不可变数据类型的数据，要修改这些元素，只能对元组重新赋值。语法格式为：

```
tuplename1= tuplename2
```

这里并非直接修改元组元素，而是产生一个新的元组，并将这个新的元组重新替换给原先元组。在内容上，元组的内容发生了改变，感觉上是原先的元组被修改了，但实际上，原先的元组和最终的元组是两个完全不同的元组，两者的内存地址是不一样的。

改变元组主要有以下几种方式：

1. 修改元组元素值

使用其他方法产生另外一个元组，并赋值给原先元组变量。例如：

```
>>>confidence = ('方向自信', '理论自信', '制度自信', '文化自信')
>>>confidence = list(confidence)      #元组转化为列表，重新赋值给变量
>>>confidence[0] = '道路自信'            #修改列表元素
      #列表转回元组，重新赋值给变量 confidence
>>>confidence = tuple(confidence)
>>>print(confidence)
('道路自信', '理论自信', '制度自信', '文化自信')
```

以上代码将元组转化为列表，然后修改列表元素值，最后再转化为元组。

2. 在元组后追加多个元素

如果要在已有元组基础上追加另外一个元组的元素，可以使用加号(＋)将两个元组相加，再将相加的结果重新赋值给原先元组。语法格式为：

```
tuplename1 = tuplename1+tuplename2
```

例如：

```
>>> motto = ('格物', '致知', '诚意', '正心')
>>> motto = motto+('修身', '齐家', '治国', '平天下')
>>> print(motto)
('格物', '致知', '诚意', '正心', '修身', '齐家', '治国', '平天下')
```

3. 在元组后追加一个元素

如果要在已有元组基础上追加一个元素，可以先将元素转化为元组，然后使用加法相加。语法格式为：

```
tuplename1= tuplename1+(element,)
```

这里要注意，第二项为元组，元组内只有一个元素 element，后面的逗号不能被省略。

例如：

```
>>>motto = ('格物','致知','诚意', '正心', '修身', '齐家', '治国', )
>>>motto = motto+('平天下',)          # 将'平天下'添加到 motto 中
>>>print(motto)
('格物', '致知', '诚意', '正心', '修身', '齐家', '治国', '平天下')
```

如果将以上第二行语句中的逗号去除，即修改为：

```
motto=motto+('平天下')
```

则执行后会抛出如下异常。异常为类型错误 TypeError，提醒只能将元组加到元组，不能将字符串加到元组。对于加法而言，加法左右两侧的数据类型必须相同，比如字符串加字符串、列表加列表、元组加元组等。如果加法两侧数据类型不同，则抛出类型异常。这里('平天下')不是元组，其中的小括号表示运算符，仅仅表示先运算而已，所以('平天下')实际上为字符串'平天下'。因此，将字符串加到元组，执行时会抛出异常。

```
Traceback (most recent call last):
  File "<pyshell#7>", line 1, in <module>
    motto=motto+('平天下')
TypeError: can only concatenate tuple (not "str") to tuple
```

4.2.4 元组方法和函数

元组为不可变数组，只提供两个方法，分别为 index 方法和 count 方法。除此之外，Python 有些内置函数，可以操作元组。

1. index 方法

index 方法返回指定值 value 在元组中第一次出现的索引，如果 value 不存在则抛出异常。语法格式为：

```
tuplename.index(value,[start[,end]])
```

其中，start 和 end 为要查找的起始位置和终止位置，为可选参数。如果省略 end，表

示从 start 开始查询，一直查询到末尾；如果省略 start 和 end，表示在整个元组中查询。例如：

```
>>> t=(2, 10, 1, 30, 1, 30, 8)
>>> print("30 在 t 中的位置:%d" % t.index(30))
30 在 t 中的位置:3
>>> start=4
>>> end=6
>>> position=t.index(30, start, end)
>>> print("从位置 4 到 6,查找 30 在 t 中的位置:%d" % position)
从位置 4 到 6,查找 30 在 t 中的位置:5
```

现在测试，使用 index 方法查找不存在的元素，会发生什么情况？

```
>>> t=(2, 10, 1, 30, 1, 30, 8)
#0 不在元组中,执行后抛出异常
>>> print("0 在 t 中的位置:%d" % t.index(0))
Traceback (most recent call last):
  File "<pyshell#10>", line 1, in <module>
    print("0 在 t 中的位置:%d" % t.index(0))
ValueError: tuple.index(x): x not in tuple
```

第二行代码查找 0 在元组中的位置，由于 0 并不存在于元组中，因此执行时抛出数值异常 ValueError，提醒 0 并不在元组中。

因此，在使用 index 方法时，要先判断指定值是否存在。例如：

```
>>> t=(2, 10, 1, 30, 1, 30, 8)
>>> if 0 in t:    #判断 0 是否在 t 中
    print("0 在 t 中的位置:%d" % t.index(0))
else:
    print("0 不在 t 中")

0 不在 t 中
```

2. count 方法

count 方法返回指定值 value 在元组中出现的次数。语法格式为：

```
tuplename.count(value)
```

例如：

```
>>> t=(2, 10, 1, 30, 1, 30, 8)
>>> print("t 中含有 1 的个数:%d" % t.count(1))
```

```
t 中含有 1 的个数：2
>>> print("t 中含有 0 的个数：%d" % t.count(0))
t 中含有 0 的个数：0
```

3. 内置函数

跟 Python 有关的常见内置函数有：

- len()返回序列长度；
- max()返回序列最大值；
- min()返回序列最小值；
- sorted()返回排序后序列，通过设置 reverse 参数控制升序降序；
- reversed()返回翻转后的序列，返回可迭代类型。

例如：

```
>>> t = (2, 10, 1, 30, 1, 30, 8)
>>> print("t 含有%d 个元素" % len(t))
t 含有 7 个元素
>>> print(" t 最大值为%d,最小值为%d" % (max(t), min(t)))
t 最大值为 30,最小值为 1
>>> print("升序排序：",sorted(t))
升序排序：[1, 1, 2, 8, 10, 30, 30]
>>> print("降序排序：",sorted(t, reverse=True))
降序排序：[30, 30, 10, 8, 2, 1, 1]
>>> print("逆序排序：",tuple(reversed(t)))
逆序排序：(8, 30, 1, 30, 1, 10, 2)
```

4.2.5 任务实现

根据任务分析，个人所得税可以按以下思路进行计算：

(1)将个税方案中各档次应纳税所得额对应的区间、相应税率、速算扣除数，保存在不同元组中。

(2)采用 input 函数获取用户收入值，扣除 5000 元后得到应纳税所得额。如果应纳税所得额小于零，则税金为零，退出程序。

(3)根据应纳税所得额，通过元组遍历获取相应的税收档次。

(4)根据税收档次从相应元组获取税费和扣除数。

(5)计算税金，其值等于应纳税所得额×税率－速算扣除数。

(6)输出税金。

根据以上思路，编写如下代码：

```
#税费计算表
tax_range = ((0, 3000), (3000, 12000), (12000, 25000), (25000, 35000),
(35000, 55000), (55000, 80000),  (80000, 1000000000))  # 金额区间
rate = (0.03, 0.1, 0.2, 0.25, 0.3, 0.35, 0.45)  #费率元组
deduct = (0, 210, 1410, 2660, 4410, 7160, 15160)  #速算扣除数元组

#计算应缴税额
income0 = float(input("请输入你工资收入(元):"))  # 初始工资
income = income0-5000  #应纳税所得额

#计算应缴税收
tax = 0  #应缴税收
if income0 <= 0:
    tax = 0
else:
    #查询税收档位
    index =- 1  #保存税收档位
    for i in range(len(tax_range)):  #遍历金额区间,确定税收档位
        if tax_range[i][0] <= income <= tax_range[i][1]:
            index=i
            break  #找到档次后,不用再计算,跳出循环

    #根据税收档位计算税收:收入×税率-速算扣除数
    real_rate = rate[index]
    real_deduct = deduct[index]
    #速算法,计算税收
    tax = income * real_rate-real_deduct
#输出应缴税收
print("应缴税:%.2f元" % tax)
```

小结

Python中的元组由一系列按特定顺序排列的元素组成,是Python中内置的不可变序列,不允许增删改。元组的常用操作和方法总结如下:

1. 元组创建和删除

tuplename=(element1,element2,element3,…)。

tuplename=tuple(可迭代数据类型)。

del tuplename。

2. 元组访问

索引访问元素:tuplename[index]。

切片截取一段元素:tuplename[start:end:step]。

元素遍历:结合 for 循环与 enumerate 函数。

3. 元组修改

直接替换新元组。可先将元组转化为列表,修改列表元素后,再转化为元组。

使用"+"在已经存在的元组结尾处添加一个新元组,再赋值给原来的元组。

4. 元组方法和相关函数

tuplename.index(value, start,end):在指定范围内查找 value 第一次出现的位置。

tuplename.count (value):查找 value 在元组中出现的次数。

相关内置函数:len(), max(), min(), sorted(), reversed()。

实训:个人信息管理

1. 实训目标

(1)会使用元组描述一个对象属性。

(2)掌握元组基本操作。

2. 需求说明

(1)利用元组定义个人信息,将个人信息分类存放在一个元组中。

(2)实现对个人信息的查询和修改操作。

3. 实训步骤

(1)定义一个元组,内容为(姓名,年龄,专业,爱好列表),比如('孙小明', 18,"地理信息系统", ['足球', '武术', '朗诵'])。

(2)查询学生的姓名。

(3)查询专业所在的下标位置。

(4)删除学生爱好列表中的某一个爱好。

(5)在学生爱好列表中增加一个爱好。

(6)在个人信息中增加籍贯。

(7)输出个人信息。

习 题

一、选择题

1. 元组变量 t=('cat', 'dog', 'tiger', 'human'), t[::-1]的结果是(　　)。

A. {'human','tiger','dog','cat'}

B. ['human','tiger','dog','cat']

C. 运行出错

D. ('human','tiger','dog', 'cat')

2. 以下代码输出(　　)。

```
x = (2.0)
print(type(x))
```

A. ＜class 'float'＞　　B. ＜class 'int'＞

C. ＜class 'str'＞　　D. ＜class tuple'＞

3. 下列对元组的操作合法的是(　　)。

A. Tuple.pop()

B. Tuple[0]='hello'

C. Tuple.sort()

D. Tuple1= Tuple1+Tuple2

4. 关于Python的元组类型，以下选项中描述错误的是(　　)。

A. 元组是不可变序列

B. Python中元组采用逗号和圆括号来表示

C. 元组中元素不可以是不同类型

D. 一个元组可以作为另一个元组的元素，可以采用多级索引获取信息

5. max((1,2,3,3))的值是(　　)。

A. 1　　B. 2　　C. 3　　D. 0

6. tuple(range(2,10,2))的返回结果是(　　)。

A. [2, 4, 6, 8]　　B. [2, 4, 6, 8, 10]

C. (2, 4, 6, 8)　　D. (2, 4, 6, 8, 10)

7. 表达式“[2] in (2,3,4)”的值是(　　)。

A. Yes　　B. No　　C. True　　D. False

8. 表达式(1,3)+(5,7)的值是(　　)。

A. (6,10)　　B. (5,7)　　C. (1,3,5,7)　　D. (16,)

9. 若元组T=(2,4,6,8)，下列表达式运算结果不为10的是(　　)。

A. T[0]+T[3]　　B. T[-1]+T[-4]

C. T[1]+T[2]　　D. T[-1]+T[-3]

10. t=('abc',(1, 2), [3, 4, 5])，则t[2][1]的值为(　　)。

A. 1　　B. 2　　C. 3　　D. 4

二、判断题

1. 运算符“+”不仅可以实现数值的相加、字符串连接，还可以实现列表、元组的合并。(　　)

2. Python中列表、元组、字符串都属于有序序列。(　　)

3. 元组是不可变的，不支持列表对象的insert()、remove()等方法，也不支持del命令删除其中的元素，但可以使用del命令删除整个元组对象。(　　)

4. 元组的访问速度比列表要快一些，如果定义了一系列常量值，并且主要用途仅仅是对其进行遍历而不需要进行任何修改，建议使用元组而不使用列表。(　　)

5. 创建只包含一个元素的元组时，必须在元素后面加一个逗号，例如(3,)。(　　)

6. 只能通过切片访问元组中的元素，不能使用切片修改元组中的元素。(　　)

三、编程题

1. 已知 t=("nihao","wohao","dajiahao")，编程完成以下任务：

(1)计算元组长度并输出；

(2)获取元组第 2 个元素并输出；

(3)获取元组第 2 个和第 3 个元素并输出；

(4)使用 for 循环遍历输出元组。

任务 4.3　使用字典统计学生信息

任务描述

使用字典存储学生信息表，统计男女性别人数和成年人名单。学生信息表内容如表 4-2 所示。

表 4-2　学生信息表

姓名	性别	年龄
黎明	男	19
杨柳	女	18
张一帆	男	18
许可	女	20
王笑笑	女	19
陈欣	女	19

任务分析

(1)将学生信息数据存储为字典。

(2)统计男生、女生人数。

(3)根据年龄统计成年人名单。

4.3.1　字典创建和删除

字典属于可变数据类型，存放具有映射关系的数据，是键值对的集合。可通过键来查找相应值，这是字典命名来源。形式为：

```
{key1 : value1,key2:value2, …,keyn=valuen}
```

其中：字典最外围用大括号{ }括起；字典中的每个元素为键值对(key: value)，key 和

value 用冒号分隔；键值对与键值对之间用逗号分隔。

1. 字典的创建方式

(1)使用赋值语句创建字典。可以将一个字典直接赋值给一个变量，语法格式为：

```
dictname={key1 : value1, key2 : value2, …,keyn=valuen}
```

比如：

```
>>>student={"姓名":"孙小明","年龄":18,"性别":"男"}
>>>print(type(student))    #输出 student 的数据类型
<class 'dict'>
```

需要注意，字典的键必须是不可变的数据类型，比如字符串和元组。相比而言，字典的值可以取任何数据类型。如果尝试将列表等可变类型的数据作为字典的键，则会抛出异常，例如：

```
>>> data = {[1, 2]: 3, "a": 1}   #列表做键
Traceback (most recent call last):
  File "<pyshell#1>", line 1, in <module>
    data = {[1, 2]: 3, "a": 1}
TypeError: unhashable type: 'list'
```

以上将列表[1,2]作为字典的键，执行时抛出类型异常 TypeError，提醒列表 list 为不可哈希的数据类型。不可哈希为数学专业词语，表示在生命周期内数值可以发生变化，因此不可哈希的数据类型表示可变化的数据类型。

另外，字典的键一般是唯一的，如有重复，最后的键值对替换前面的键值对。相对而言，字典的值不需要唯一。比如：

```
>>> data = {"a":1, "b": 2, "a": 2}
>>> print(data)
{'a': 2, 'b': 2}
```

在使用赋值语句创建字典时，可以用变量来描述字典，语法格式为：

```
dic_name = {key: value}
```

例如：

```
>>> name = ('周一鸣','王小宝','植瑞祺','吴黛兰')
>>> sign = ['水瓶座','射手座','双鱼座','双子座']
>>> dict_1 = {name: sign}
>>> print(dict_1)
{('周一鸣', '王小宝', '植瑞祺', '吴黛兰'): ['水瓶座', '射手座', '双鱼座', '双子座']}
```

如果将 name 由元组改为列表，即 name=['周一鸣','王小宝','植瑞祺','吴黛兰']，则执行时会抛出类型异常 TypeError，提醒列表 list 为不可哈希的数据类型。

(2)使用 dict 函数将键值对转化为字典。使用内置函数 dict 函数将键值对转化为字典，语法格式：

```
dictname = dict(key1=value1,key2=value2,…,keyn=valuen)
```

比如：

```
>>>sign = dict(水瓶座='1.20-2.18',双鱼座='2.19-3.20',白羊座=
'3.21-4.19')
>>>print(sign)
{'水瓶座': '1.20-2.18', '双鱼座': '2.19-3.20', '白羊座': '3.21-4.19'}
```

需要注意的是，以上代码中的水瓶座、双鱼座和白羊座是不需要加上单引号或双引号的。如果加上单引号或者双引号，会发生什么情况呢？

```
>>> sign = dict('水瓶座'='1.20-2.18', '双鱼座'='2.19-3.20', '白羊座'
='3.21-4.19')
SyntaxError: expression cannot contain assignment, perhaps you meant "=
="?
```

以上代码执行时抛出语法异常 SyntaxError，提醒表达式不能包含赋值符号。因为'水瓶座'='1.20-2.18'在这里被看成赋值语句，但赋值语句左边必须是一个变量，而这里'水瓶座'为字符串常量，因此报异常。

(3)使用映射函数创建字典。使用 zip 函数将两个可迭代的数据类型数据对应位置的元素组合为元组，并返回包含这些内容的 zip 对象，最后通过 dict 函数将 zip 对象转化为字典。

```
dictname = dict(zip(iterable1, iterable2))
```

其中，iterable1 和 iterable2 为两个可迭代的数据类型数据(字符串、列表、元组等)。例如：

```
>>>name = ['周一鸣','王小宝','植瑞祺','吴黛兰']
>>>sign = ['水瓶座','射手座','双鱼座','双子座']
>>>dictionary = dict(zip(name,sign))                # 转换为字典
>>>print(dictionary)
{'周一鸣': '水瓶座', '王小宝': '射手座', '植瑞祺': '双鱼座', '吴黛兰': '双子座'}
```

以上 name 和 sign 列表中的元素数量是相同的。如果不同呢，会发生什么情况？将 sign 内容修改为 sign= ['水瓶座','射手座','双鱼座','双子座','巨蟹座']，包含五个星座，其他代码不变，执行时没有抛出异常，输出内容如下：

```
{'周一鸣': '水瓶座', '王小宝': '射手座', '植瑞祺': '双鱼座', '吴黛兰': '双子座'}
```

可见，如果 zip 函数两个输入数据的元素个数不等，则抛弃没对应位置的元素。

(4)使用 copy 方法从已有字典复制一份。字典对象的 copy 方法返回一个新字典，其包含的键值对与原来的字典相同，语法格式：

```
dictname.copy()
```

通过 copy 方法得到的字典，跟原字典是两个不同的字典，两者对应的内存地址是不一样的。

```
>>> data = {"a": 1, "b": 2, "a": 2}
>>> data_copy=data.copy()    #复制字典到另外一个字典
>>> print(data_copy)
{'a': 2, 'b': 2}
>>> print(id(data),id(data_copy))   #id 函数返回输入变量的内存地址
1685220359552 1685220359872
>>>
```

2. 字典的删除

如果要删除字典，则使用 del 命令。语法格式：

```
del dictname
```

如果需要删除字典的全部元素，可以用 clear()方法实现删除字典所有元素，保留空字典。语法格式：

```
dictname.clear()
```

例如：

```
>>>name = ['周一鸣','王小宝','植瑞祺','吴黛兰']
>>>sign = ['水瓶座','射手座','双鱼座','双子座']
>>>dictionary = dict(zip(name,sign))
>>>del dictionary    #删除字典，字典不再存在
```

4.3.2 字典元素访问

1. 通过键访问字典

使用 print()可以输出整个字典；但实际使用字典时，很少需要直接输出它的所有内容。一般根据指定的键查询相应的值。Python 中访问字典的元素可以通过下标实现。需要注意的是，这里下标并非索引号，而是键。语法格式：

```
dictname[key]
```

例如：

```
>>>info = {'Name': 'Chenzi', 'Age': 7, 'Class': 'First'}
>>>print("info['Name']:", info['Name'])
info['Name']:  Chenzi
>>>print("info['Age']:", info['Age'])
info['Age']:  7
```

访问字典时，如果查询的键不存在，则抛出键异常 KeyError，提醒要查找的键不存在。例如：

```
>>> info = {'Name': 'Chenzi', 'Age': 7, 'Class': 'First'}
        # 要查询的键不存在
>>> print (" info['Student_ID']:", info['Student_ID'])
Traceback (most recent call last):
  File "<pyshell#15>", line 1, in <module>
    print (" info['Student_ID']:", info['Student_ID'])
KeyError: 'Student_ID'
```

2. 通过 get()访问字典

为解决获取键不存在而导致抛出异常的问题，可以使用 get()方法设置默认值。语法格式：

```
dictname.get(key,[default])
```

其中，default 为可选参数。如果要查找的键 key 不存在，则返回指定的 default 值。如果不设置 default，则返回空值 None。

```
>>> info = {'Name': 'Chenzi', 'Age': 7, 'Class': 'First'}
>>> print (info.get('Name'))
Chenzi
>>> print (info.get('Student_ID'))
None
>>> print (info.get('Student_ID'), '字典里没有这项数据')
字典里没有这项数据
```

3. 通过 items()获取字典所有项、键值对

使用字典对象的 items 方法可以获取字典的键值对。语法格式为：

```
dictname.items()
```

items 方法返回由键和值组成的元组列表，可以通过 for 语句获取具体键值对、键或者值。例如：

```
>>> info = {'Name': 'Chenzi', 'Age': 7, 'Class': 'First'}
>>> for item in info.items():              #获取字典所有项
        print(item)


('Name', 'Chenzi')
('Age', 7)
('Class', 'First')

>>> info = {'Name': 'Chenzi', 'Age': 7, 'Class': 'First'}
```

```
>>> for key,value in info.items():    #获取字典所有键值对
    print(key, value)
Name Chenzi
Age 7
Class First

>>> info = {'Name':'Chenzi', 'Age':7, 'Class':'First'}
>>>for key,value in info.items():    #获取字典所有键值对
    print(value)

Chenzi
7
First
```

4. 通过 keys(),values()获取字典所有的键、值

字典对象的 keys 方法返回字典的所有键,可通过 for 循环遍历。语法格式:

```
dictname.keys()
```

字典对象的 values 方法返回字典的所有值,可通过 for 循环遍历。语法格式:

```
dictname.values()
```

例如:

```
>>> info = {'Name':'Chenzi', 'Age':7, 'Class':'First'}
>>> for key in info.keys():  #获取所有键
    print(key)

Name
Age
Class

>>> for value in info.values(): #获取所有值
    print(value)

Chenzi
7
First
```

4.3.3 字典元素增删改操作

1. 添加字典元素

由于字典是可变序列,可以随时在字典中添加"键-值",语法格式:

```
dictname[key]=value
```

其中,key 为新加的键, value 为 key 对应的值。

```
>>>info = {'Name': 'Chenzi', 'Age': 7, 'Class': 'First'}
>>>info['Student_ID']='22110713'
#添加新键值对 'Student_ID':'22110713'
>>>print(info)
{'Name': 'Chenzi', 'Age': 7, 'Class': 'First', 'Student_ID': '22110713'}
```

2. 修改字典元素

在字典中,键必须是唯一的,如果新添加元素的键已经存在,新使用的值则替换原来该键的值,相当于修改功能。修改字典元素的语法格式:

```
dictname[key]=value
```

其中,key 为字典已有键,value 为 key 对应的新值,将替换原先的值。

```
>>> info = {'Name': 'Chenzi', 'Age': 7, 'Class': 'First'}
>>> info['Class']='1'    #将键'Class'对应的值修改为'1'
>>> print(info)
{'Name': 'Chenzi', 'Age': 7, 'Class': '1'}
```

3. 使用 update 方法更新字典

使用字典对象的 update 方法可以将字典 2 中的键值对添加到字典 1 中,如两个字典中有相同键,取字典 2 中该键对应的值。语法格式:

```
dictname1.update(dictname2)
```

其中,dictname1 为要更新的字典 1,dictname2 为要添加的字典 2。

```
>>> info1 = {'Major':'GIS', 'Name': 'Chenzi'}
>>> info2 = {'Name': 'Sange', 'Age': 7, 'Class': 'First'}
>>> info1.update(info2)   #利用 info2 更新 info1
>>> print(info1)
{'Major': 'GIS', 'Name': 'Sange', 'Age': 7, 'Class': 'First'}
```

4. 使用 del 命令删除字典元素

使用 del 命令,可以删除字典元素,语法格式:

```
del dictname[key]
```

其中,key 为要删除的元素的键。例如:

```
>>> info = {'Name': 'Chenzi', 'Age': 7, 'Class': '1'}
>>> del info['Name']        #删除键 Name
>>> print(info)
{'Age': 7, 'Class': '1'}
```

如果要删除元素的键不存在,执行时将抛出键异常,提醒要删除的键不存在。例如:

```
>>> info = {'Name': 'Chenzi', 'Age': 7, 'Class': '1'}
>>> del info['School']
Traceback (most recent call last):
  File "<pyshell#26>", line 1, in <module>
    del info['School']
KeyError: 'School'
```

删除一个不存在的键将抛出异常,处理方法是先判断键是否在字典中:

```
if key in dictname.keys():
    del dictname[key]
```

例如:

```
>>> info = {'Name':'Chenzi', 'Age':7, 'Class':'1'}
>>> if 'School' in info.keys():
    del info['School']

>>> print(info)
{'Name': 'Chenzi', 'Age': 7, 'Class': '1'}
```

5.使用 pop 方法删除字典元素,并获得被删除的元素

字典对象的 pop 方法获取指定 key 对应的 value,并将该 key 和 value 从字典中删除。语法格式:

```
dictname.pop(key)
```

其中,key 为要删除的键。如果要删除的键不存在,则 pop 方法会抛出键异常 KeyError。

```
>>> info = {'Name':'Chenzi', 'Age':7, 'Class':'1'}
>>> name = info.pop('Name')
>>> print("删除的姓名:",name)
删除的姓名: Chenzi
>>> print("删除后字典",info)
删除后字典 {'Age': 7, 'Class': '1'}
```

6. 使用 clear 方法删除字典元素

用字典对象的 clear()方法删除字典所有元素，保留空字典。语法格式：

```
dictname.clear()
```

例如：

```
>>> info = {'Name':'Chenzi', 'Age':7, 'Class':'1'}
>>> info.clear()
>>> print(info)
{}
```

4.3.4 任务实现

根据任务分析和所学字典知识，可以参考以下思路实施任务：

(1)使用字典保存表格数据，字典键为姓名，值为性别和年龄组成的列表。

(2)通过遍历字典的方式，获取字典的每一项，从中提取性别，统计男女的数量，并保存在新字典中。

(3)通过遍历字典的方式，获取字典的每一项，从中提取姓名和年龄，如果年龄不小于18，则将姓名添加到成年人名单(列表)中。

(4)输出统计结果。

根据以上思路，编写如下代码：

```
#用字典保存表格数据
students={"黎明": ["男", 19], "杨柳": ["女", 18],
          "张一帆": ["男", 18], "许可": ["女", 20],
          "王笑笑": ["女", 19], "陈欣": ["女", 19]}
#统计男生、女生数量
count={}  #空字典，性别:数量
for info in students.values():
    sex=info[0]  #性别
    count[sex]=count.get(sex, 0)+1

#统计成年人名单
adult=[]
for name, info in students.items():
    age=info[1]
    if age > 18:
        adult.append(name)
```

```
#输出统计结果
print("男女生人数为"+str(count))
print("年龄超过18岁的学生姓名为"+str(adult))
```

小结

字典属于可变数据类型,存放具有映射关系的数据,是键值对的集合。字典最外围用大括号{ }括起;字典中的每个元素为键值对(key:value),key和value用冒号分隔;键值对与键值对之间用逗号分隔。字典的键必须是不可变的数据类型,字典的值可以取任何数据类型。

1. 字典创建和删除

```
dictname={key1:value1, key2:value2,…,keyn:valuen}
dictname=dict(key1= value1, key2=value2, …,keyn=valuen)
dictname=dict(zip(list1,list2))
del dictname
```

2. 字典元素访问

通过键访问 :dictname[key]。

用 items()、keys() 、values()访问字典元素、键、值。

3. 字典元素增删改

```
dictname[key]=value
dictname1.update(dictname2)
del dictname[key]
dictname.pop(key)
dictname.clear()
```

实训:学生信息统计

1. 实训目标

(1)会使用字典描述一个对象。

(2)熟练掌握字典常规操作。

2. 需求说明

已知学生信息 students 为一个列表,内容如下:

```
students=[
    {'name': '小花', 'age': 19, 'score': 90, 'gender': '女', 'tel':
            '15300022839'},
    {'name': '明明', 'age': 20, 'score': 40, 'gender': '男', 'tel':
            '15300022838'},
```

```
        {'name': '华仔', 'age': 18, 'score': 90, 'gender': '女', 'tel':
                '15300022839'},
        {'name': '静静', 'age': 16, 'score': 90, 'gender': '不明', 'tel':
                '15300022428'},
        {'name': 'Tom', 'age': 17, 'score': 59, 'gender': '不明', 'tel':
                '15300022839'},
        {'name': 'Bob', 'age': 18, 'score': 90, 'gender': '男', 'tel':
                '15300022839'}
    ]
```

输出有关统计信息。

3. 实训步骤

(1)统计不及格学生的个数。

(2)打印不及格学生的名字和对应的成绩。

(3)统计未成年学生的人数。

(4)打印手机尾号是8的学生的名字。

(5)打印最高分和对应的学生的名字。

(6)计算班级平均成绩。

习题

一、选择题

1. 以下不能建立字典的语句是(　　)。

A. d={}

B. d={1:'甲',2:'T 乙',3:'丙',4:'丁'}

C. s=dict(1:'甲',2:'T 乙',3:'丙',4:'丁')

D. d=dict()

2. 在下列选项中,不能作为字典的键的是(　　)。

A. "a"　　B. ["a"]　　C. ("a")　　D. 3

3. 以下关于 Python 字典变量的定义中,错误的是(　　)。

A. Dict1={(1,2):3,(4,5):6}

B. Dict1={'12':3,'45':6}

C. Dict1={12:3,45:6}

D. Dict1={[1,2]:3,[4,5]:6}

4. 在下列 Python 的类型中,非有序类型的是(　　)。

A. 字典　　B. 列表　　C. 元组　　D. 字符串

5. 以下不能创建一个字典的语句是(　　)。

A. dict1={}

B. dict2={ 3 : 5 }

C. dict3=dict([2 , 5] ,[3 , 4])

D. dict4=dict(zip([1,2],[3,4]))

6. 下面代码的输出结果是(　　)。

```
d={"大海":"蓝色","天空":"灰色","大地":"黑色"}
print(d["大地"], d.get("大地","黄色"))
```

A. 黑的 灰色　　　　B. 黑色 黑色

C. 黑色 蓝色　　　　D. 黑色 黄色

7. 给出如下代码:

```
DictColor={"seashell":"海贝色","gold":"金色","pink":"粉红色","brown":"棕色","purple":"紫色","tomato":"西红柿色"}
```

以下选项中能输出“海贝色”的是(　　)。

A. print(DictColor.keys())

B. print(DictColor["海贝色"])

C. print(DictColor.values())

D. print(DictColor["seashell"])

8. 以下关于字典操作的描述,错误的是(　　)。

A. del 用于删除字典或者元素

B. clear 用于清空字典中的数据

C. len 方法可以计算字典中键值对的个数

D. keys 方法可以获取字典所有值

9. 字典 d={'Name':'Kate','No':'1001','Age':'20'},表达式 len(d)的值为(　　)。

A. 12　　B. 9　　C. 6　　D. 3

10. 下面关于字典的描述,错误的是(　　)。

A. 字典中元素以键信息为索引访问

B. 字典长度是可变的

C. 字典是键值对的集合

D. 字典中的键可以对应多个值信息

二、判断题

1. Python 支持使用字典的“键”作为下标来访问字典中的值。(　　)

2. Python 字典中的“键”可以是元组。(　　)

3. Python 字典中的“键”可以是列表。(　　)

4. 字典的“键”必须是不可变的。(　　)

5. 当以指定“键”为下标给字典对象赋值时,若该“键”存在则表示修改该“键”对应的“值”,若不存在则表示为字典对象添加一个新的键值对。(　　)

三、编程题

1. 已知列表 data=[11,22,11,33,44,55,66,55,66],统计列表中每个元素出现的次数,生成一个字典,结果为{11:2,22:1,…}。

2. 定义一个电话簿，里面设置以下联系人：

```
'王涛':'13309283335',
'孙小明':'18989227822',
'陈乐':'13382398921',
'陈海量':'19833824743',
'胡为一':'18807317878',
'谭中华':'15093488129',
'马莉莉':'19282937665'
```

现在输入人名，查询他的号码。如果该人不存在，返回“没有找到”。允许用户不停地输入，直到用户输入 q 退出程序。

任务 4.4　使用集合为问卷调查准备随机数

任务描述

小明想在学校中请一些同学一起做一项问卷调查，为了调查的客观性，他先用计算机生成了 N 个 1 到 1000 之间的随机整数，对于其中重复的数字，只保留一个，把其余相同的数去掉，不同的数对应着不同学生的学号。然后再把这些数从大到小排序，按照排好的顺序去找同学做调查。

任务是使用集合，协助小明为问卷调查准备随机数。

任务分析

(1)计算机随机产生 N 个 1 到 1000 之间的随机数。

(2)去除随机数中的重复数据。

(3)按数值从小到大，对随机数进行排序。

(4)输出最终的随机数。

4.4.1　集合创建和删除

Python 中的集合(set)与数学中的集合概念类似，是由一些不重复的元组组成的无序集合。集合元素是无序的，意味着集合元素没有索引值，更不能使用索引值获取元素值。集合元素都是唯一的，因此集合最好的应用就是去除重复元素。

集合有可变集合和不可变集合两种。在形式上，集合的所有元素都放在一对大括号中，两个相邻元素间使用逗号分隔。形式如下：

```
{元素 1,元素 2,…,元素 n}
```

1. 集合创建的主要方式

(1)使用{}创建集合。创建集合最简单的方式就是将几个数据用逗号隔开,并放在大括号中,语法格式为:

```
setname={元素1,元素2,…,元素n}
```

各个元素可以是数值、字符串、元组等不可变数据类型的数据。如果大括号中有相同元素,生成的集合只保留一份。

```
>>> data={1, 2, 3} #使用大括号新建集合
>>> print(type(data))       #输出data的数据类型
<class 'set'>
>>>data={"a","b","c","c"} #有相同数据c
>>> print(data)
{'a', 'b', 'c'}
```

使用{}创建集合时,如果元素属于可变数据类型,则会抛出类型异常,提醒列表为不可哈希的数据类型,即列表为可变数据类型,不能作为集合元素。

```
>>> x={1, [2, 3]}    #[2, 3]为列表,属可变数据类型
Traceback (most recent call last):
  File "<pyshell#1>", line 1, in <module>
    x={1,[2,3]}
TypeError: unhashable type: 'list'
```

(2)使用set函数创建可变集合。可变集合为Python内置类set定义的对象,因此可以使用集合类构造函数set来创建可变集合。语法格式:

```
setname=set([iterable])
```

其中iterable为可选参数,可以是字符串、列表、元组、range对象、可变集合等可迭代对象。如果iterable省略,则创建空集合。在Python中,创建空集合不能使用{},应该使用set(),因为{}已经定义为空字典了。

```
>>> brand=('HUAWEI', 'OPPO', 'VIVO', 'APPLE', 'MI', 'MEIZU',
'SAMSUNG')
>>> brand=set(brand)  #将元组转化为集合
>>> print(brand)
{'MEIZU', 'SAMSUNG', 'HUAWEI', 'VIVO', 'MI', 'APPLE', 'OPPO'}
>>> none_set=set()   #新建空集合
>>>print(none_set)
set()
```

可以使用set函数去除重复元素。

【例1】 已知一个元组存在重复元素,请去除其中重复元素。

```
>>> brand=('HUAWEI','OPPO','VIVO','APPLE','MI','MEIZU','SAMSUNG','OPPO')
#有重复元素
>>> brand=set(brand)    #转化为集合时，相同元素只保留一份
>>> print(type(brand), brand)    #输出 brand 数据类型和内容
<class 'set'> {'HUAWEI', 'VIVO', 'MI', 'OPPO', 'APPLE', 'MEIZU', 'SAMSUNG'}
>>> brand=tuple(brand)    #将 brand 转回元组
>>> print(type(brand), brand)
<class 'tuple'> ('HUAWEI', 'VIVO', 'MI', 'OPPO', 'APPLE', 'MEIZU', 'SAMSUNG')
```

(3)使用 frozenset 函数创建不可变集合。使用 Python 内置函数 frozenset 来创建不可变集合。语法格式：

```
setname=frozenset ([iterable])
```

其中，iterable 为可选参数，可以是字符串、列表、元组、range 对象等可迭代对象。如果 iterable 省略，则创建空集合。

```
>>> fz1=frozenset( )    #创建不可变空集合
>>> print(fz1)
frozenset()
>>> fz2=frozenset([1,2,3])    #将列表转为不可变集合
>>> print(fz2)
frozenset({1, 2, 3})
>>> fz3=frozenset((1,2,3))    #将元组转为不可变集合
>>> print(fz3)
frozenset({1, 2, 3})
>>> fz4=frozenset({1,2,3})    #将可变集合转为不可变集合
>>> print(fz4)
frozenset({1, 2, 3})
>>> fz5=frozenset(range(1,4))    #将 range 对象转为不可变集合
>>> print(fz5)
frozenset({1, 2, 3})
```

2. 集合的删除

如果集合对象不需要了，可以使用 del 命令删除集合对象，语法格式：

```
del setname
```

例如：

```
>>> brand={'HUAWEI','OPPO','VIVO','APPLE','MI','MEIZU',
'SAMSUNG'}
>>> del brand
```

4.4.2 集合访问和更新

1.访问集合元素

集合存储的元素是无序的,不能像列表、元组一样通过索引访问集合存储的元素。

```
>>> brand={'HUAWEI', 'OPPO', 'VIVO', 'APPLE', 'MI', 'MEIZU',
'SAMSUNG'}
>>> print(brand[0])        #尝试通过索引值来访问元素
Traceback (most recent call last):
  File "<pyshell#20>", line 1, in <module>
    print(brand[0])
TypeError: 'set' object is not subscriptable
```

以上代码尝试通过索引值来访问元素,执行后抛出类型异常 TypeError,提醒集合对象不可以通过下标来访问元素。

虽然不能直接通过下标访问元素,但是可以通过 in 或者 not in 操作符来看某个元素是否存在于集合中。

```
>>> brand={'HUAWEI', 'OPPO', 'VIVO', 'APPLE', 'MI', 'MEIZU',
'SAMSUNG'}
>>> print('OPPO' in brand)   #查看 OPPO 是否在集合中
True
```

也可以使用 for 循环遍历集合元素,元素的显示顺序可能和加入的元素顺序不一致。

```
>>> brand={'HUAWEI', 'OPPO', 'VIVO', 'APPLE', 'MI', 'MEIZU',
'SAMSUNG'}
>>> for item in brand :
    print(item, end=" ")

SAMSUNG VIVO MEIZU OPPO HUAWEI APPLE MI
```

2.添加集合元素

集合对象提供 add 方法,用于向可变集合对象中添加元素。语法格式:

```
setname.add(element)
```

其中,element 为要添加的元素值,为数值、字符串、元组等不可变数据类型。如果要添加的元素已经存在,则程序不会抛出异常,但集合元素没有发生改变。

```
>>> brand={'HUAWEI','OPPO','VIVO','APPLE','MI','MEIZU',
'SAMSUNG'}
>>> brand.add('SONY')
>>> print(brand)
{'SAMSUNG','VIVO','MEIZU','OPPO','HUAWEI','APPLE','SONY',
'MI'}
```

需要注意,以上代码添加的 SONY 并非位于集合末尾。因为集合是无序的,添加的元素随机分布在集合中。也正是因为集合是无序的,集合不存在追加方法 append(),而是添加方法 add()。

3. 更新集合元素

集合对象提供 update 方法,用于集合更新。语法格式:

```
setname1.update(setname2)
```

update 方法使用集合 setname2 更新集合 setname1,更新时会将 setname2 中的元素添加到 setname1 中。当然,两个集合中相同元素只保留一份。

```
>>> brand={'HUAWEI','OPPO','VIVO','APPLE','MI','MEIZU',
'SAMSUNG'}
>>> newbrand= {'SONY'}
>>> brand.update(newbrand)
>>> print(brand)
{'SAMSUNG','VIVO','MEIZU','OPPO','HUAWEI','APPLE','SONY',
'MI'}
```

需要注意,update 方法的输入参数必须是集合,否则要根据输入数据类型来定。如果输入的是数值等简单类型,则抛出类型异常 TypeError;如果输入的是可迭代对象,则将可迭代对象的元素逐个添加到集合中。比如:

```
>>> brand = {'HUAWEI','OPPO','VIVO','APPLE','MI','MEIZU',
'SAMSUNG'}
>>> brand.update('SONY')    #将 SONY 各个字母添加到集合中
>>> print(brand)
{'S','SAMSUNG','VIVO','MEIZU','APPLE','MI','O','OPPO','Y','N',
'HUAWEI'}
>>> brand.update([1,2,3])   #将列表中各个元素添加到集合中
>>> print(brand)
{1, 2,'S', 3,'SAMSUNG','VIVO','MEIZU','APPLE','MI','O','OPPO',
'Y','N','HUAWEI'}
```

```
>>> brand.update(1)       # 1为不可迭代对象，添加时会抛出类型错误
Traceback (most recent call last):
  File "<pyshell#42>", line 1, in <module>
    brand.update(1)
TypeError: 'int' object is not iterable
```

4.使用 remove 方法删除指定元素

集合对象提供 remove 方法，用于删除某个指定元素。

```
setname.remove(element)
```

例如：

```
>>> brand = {'HUAWEI','OPPO','VIVO','APPLE','MI','MEIZU',
'SAMSUNG'}
>>> brand.remove('OPPO')
>>> print(brand)
{'SAMSUNG', 'VIVO', 'MEIZU', 'HUAWEI', 'APPLE', 'MI'}
```

remove 方法用于删除一个集合元素，若该元素不存在，会发生什么情况呢？现在测试一下。

```
>>> brand = {'HUAWEI', 'OPPO', 'VIVO', 'APPLE', 'MI', 'MEIZU',
'SAMSUNG'}
>>> brand.remove('XXX')    #删除不存在的元素 XXX
Traceback (most recent call last):
  File "<pyshell#48>", line 1, in <module>
    brand.remove('XXX')
KeyError: 'XXX'
```

以上代码删除不存在的元素“XXX”，执行时抛出键错误，提醒没有要删除的元素。对此情况，建议先使用成员操作符 in 查询要删除的元素是否存在。如果存在，才进行删除。

```
>>> brand = {'HUAWEI', 'OPPO', 'VIVO', 'APPLE', 'MI', 'MEIZU',
'SAMSUNG'}
>>> if 'XXX' in brand:    #查看 XXX 是否在集合 brand 中
    brand.remove('XXX')
else:
    print("XXX 不在集合中，不用删除。")


XXX 不在集合中，不用删除
>>> print(brand)
{'SAMSUNG', 'VIVO', 'MEIZU', 'OPPO', 'HUAWEI', 'APPLE', 'MI'}
```

5. 使用 pop 方法随机删除一个元素

集合对象提供 pop 方法，允许用户随机删除集合中的一个元素，语法格式为：

```
setname.pop()
```

pop 方法同时返回已经删除的集合元素。比如：

```
>>> brand = {'HUAWEI', 'OPPO', 'VIVO', 'APPLE', 'MI', 'MEIZU', 'SAMSUNG'}
>>> out = brand.pop()  # 随机删除集合中的一个元素，并将删除的元素赋值给 out
>>> print("执行 pop 方法之后的集合：", brand)
执行 pop 方法之后的集合：{'VIVO', 'MEIZU', 'OPPO', 'HUAWEI', 'APPLE', 'MI'}
>>> print("删除的元素：", out)
删除的元素：SAMSUNG
```

6. 使用 clear 方法删除集合的所有元素

集合对象提供 clear 方法删除集合的所有元素，语法格式为：

```
setname.clear()
```

clear 方法执行后，集合变成空集合。例如：

```
>>> brand = {'HUAWEI', 'OPPO', 'VIVO', 'APPLE', 'MI', 'MEIZU', 'SAMSUNG'}
>>> brand.clear()
>>> print("清空集合之后：", brand)
清空集合之后：set()
```

4.4.3 集合运算

1. 集合并集

集合的并集运算是把两个集合合并成一个新的集合，集合合并后重复的成员被删除。使用符号“|”执行集合的合并运算。语法格式：

```
setname1 | setname2
```

【例 2】 输出选修中国城市建筑史、茶水与酒艺的所有学生。

代码：

```
course = ('中国城市建筑史', '茶水与酒艺', '管理基本素养')  # 选修课
# 选修中国城市建筑史的学生
student1 = {'宋晓东', '余仁', '许达铁', '曹理修'}
```

```
student2 = {'曹理修', '陈佳妮', '周新果', '伍芸芳', '余仁', '刘琳希'}
#选修茶水与酒艺的学生
student3 = {'许达铁', '植瑞意', '许丽莎', '管阳', '马飞雪' }
#选修管理基本素养的学生
result = student1 | student2    #求并集
print('选择"%s"和"%s"课程的学生共%d 人\n 选课名单:' % (course[0], course[1], len(result)))
for item in result:
    print(item,end=" ")
print() #换行
```

运行结果:

```
选择"中国城市建筑史"和"茶水与酒艺"课程的学生共 8 人
选课名单:
周新果  许达铁  余仁  刘琳希  陈佳妮  曹理修  伍芸芳  宋晓东
```

对于并集运算,除了符号"|",集合对象还提供了 union 方法。语法格式:

```
setname1. union(setname2)
```

比如,上面例子中的 result=student1 | student2 可以用以下代码代替,执行结果是一样的。

```
result = student1. union(student2)
```

2. 集合交集

集合的交集运算是求两个集合的共有成员,两个集合执行交集运算后返回新的集合,该集合中的每个元素同时是两个集合中的成员。使用符号"&"执行集合的交集运算,语法格式:

```
setname1& setname2
```

【例 3】 输出同时获得广东省优秀学生党支部和年度社会影响力学院的所有单位。

代码:

```
honor = ('广东省优秀学生党支部', '学校先进集体', '模范职工工会', '年度社会影响力学院')
depart1 = {'测绘学院', '计算机学院', '外语学院', '汽车学院'}
depart2 = {'学生工作处', '党委组织统战部', '继续教育与培训学院', '创新创业学院', '计算机学院'}
depart3 = {'经济学院', '外语学院', '机电学院', '汽车学院'}
depart4 = {'马克思学院', '社体学院', '测绘学院', '管理学院', '汽车学院'}
print('获得"%s"和"%s"两项称号的部门和学院名单:' % (honor[0], honor[3]))
```

```
result = depart1 & depart4    #求集合交集
for item in result:
    print(item, end=" ")
print()
```

运行结果:

```
获得"广东省优秀学生党支部"和"年度社会影响力学院"两项称号的部门和学院名单:
测绘学院 汽车学院
```

对于交集运算,除了符号"&",集合对象还提供了 intersection 方法。语法格式:

```
setname1. intersection (setname2)
```

上面例子中的 result=depart1 & depart4 可以用以下代码代替,执行结果是一样的。

```
result=depart1. intersection(depart4)
```

3. 集合差集

集合差集运算是求 A 集合与 B 集合之间的差值,A 集合与 B 集合执行差集运算后返回新的集合,该集合的元素只属于集合 A,而不属于集合 B。

使用符号"-"执行集合的差集运算。语法格式:

```
setname1-setname2
```

【例 4】 输出选择套餐 A 且没有选择套餐 C 的用户。

代码:

```
package = ('套餐 A', '套餐 B', '套餐 C')
user1 = {'宋晓东', '余仁', '许达轶', '曹理修'}
user2 = {'曹理修', '陈佳妮', '周新果', '伍芸芳', '余仁', '刘琳希'}
user3 = {'许达轶', '植瑞意', '许丽莎', '管阳', '马飞雪'}
result = user1-user3
print('选择"%s"且没有选择"%s"的用户:' %(package[0], package[2]))
for item in result:
    print(item, end=" ")
print()
```

运行结果:

```
选择"套餐 A"且没有选择"套餐 C"的用户:
曹理修 宋晓东 余仁
```

对于差集运算,除了符号"-",集合对象还提供了 difference 方法。语法格式:

```
setname1. difference (setname2)
```

上面例子中的 result=user1-user3 可以用以下代码代替,执行结果是一样的。

```
result = user1. difference(user3)
```

4.4.4 任务实现

根据任务分析和集合知识,可以参考以下思路进行:

(1)采用 input 函数输入用户需要产生的随机数个数 N。

(2)使用 random.randint 函数生成 N 个随机数,并保存到列表 nums 中。

(3)使用 set 函数将列表 nums 转化为集合,去除 nums 中的重复数据。去重后,使用 list 函数将集合转回列表。

(4)调用列表的 sort 方法对 nums 进行降序排列。

(5)输出最终产生的不重复随机数个数,并且给出具体数据。

参考代码:

```
import random   #导入随机模块

# 1)随机生成 N 个随机数
N=int(input('输入你要生成的随机数个数 N:'))
nums=[]
for count in range(N):
    num=random.randint(1, 1000)
    nums.append(num)   #重复数据在集合中只保留一份

# 2)去重,统计有多少个重复数据
nums=list(set(nums))   #去重
repeat_count=N-len(nums)   #重复次数
print("重复次数:"+str(repeat_count))

# 3)从大到小排序
nums.sort(reverse=True)

# 4)输出
print("去重复后的随机数,共有%d 个,分别为:" % len(nums))
print(nums)
```

小结

本任务学习了集合有关知识,主要包括以下内容:

(1)集合(set)是一种无序存储结构,集合内的元素必须是不可变的对象,并且不能重复。集合是可迭代对象,可通过 for 循环遍历元素。集合相当于只有键、没有值的字典。

(2)集合有两种不同的类型,即可变集合和不可变集合。可变集合可以添加、更新或删除元素,不可变集合不能被修改。可变集合可使用 set 函数生成,不可变集合使用

frozenset 函数生成。

(3)集合不能像列表、元组一样通过索引访问集合存储的元素,对集合元素的访问只能使用成员操作符 in 或 not in 来判断某元素是否在集合中。集合内置了 add、update、remove 方法,用于可变集合元素的添加、更新及移除操作。另外,可以通过操作符|、&、一实现集合的并集、交集和差集运算。

(4)集合常见应用有二:第一个应用是去除重复元素,即只要将一个列表变成集合,就自动去除重复元素了;第二个应用是关系测试,即测试两组数据的交集、差集、并集等关系。

实训:获取列表中出现次数最多的元素

1. 实训目标

(1)掌握集合的表达和常见操作。

(2)掌握集合的去重功能。

2. 需求说明

读取列表中出现次数最多的元素,比如对于 nums=[1, 2, 3,1,4,2,1,3,7,3,3],要输出 3,对于 nums=[1,2,2,1,3],要输出 1,2。

3. 实训步骤

(1)输入列表 nums。

(2)去重获取不重复的元素。

(3)统计每个元素出现的次数。

(4)获取最大次数。

(5)获取最大次数对应的元素。

习 题

一、选择题

1. 以下不能建立集合的语句是(　　)。

A. s=set()　　B. s={}　　C. s={1,2,3}　　D. s=set([1,2,3])

2. 在下列各项中,不能使用索引运算的是(　　)。

A. 列表　　B. 元组　　C. 集合　　D. 字符串

3. 设 a=set([1,2,2,3,3,3,4,4,4,4]),则 a.remove(4)的值是(　　)。

A. {1, 2, 3}　　B. {1, 2, 2, 3, 3, 3, 4, 4, 4}

C. {1, 2, 2, 3, 3, 3}　　D. [1, 2, 2, 3, 3, 3, 4, 4, 4]

4. 下列 Python 程序的运行结果是(　　)。

```
s1 = set([1,2,2,3,3,3,4])
s2 = {1,2,5,6,4}
print(s1&s2-s1.intersection(s2))
```

A. {1, 2, 4}　　B. set()

C. [1,2,2,3,3,3,4]　　　　D. {1,2,5,6,4}

5. 下面程序的运行结果是(　　)。

```
s = set()
for i in range(1,10):
s.add(i)
```

A. 7　　　　B. 8　　　　C. 9　　　　D. 10

6. 以下程序的输出结果是(　　)。

```
ss = list(set('jzzszyj'))
ss.sort()
print(ss)
```

A. ['z','j', 's', 'y']　　　　B. ['j', 's', 'y', 'z']

C. ['j', 'z','z', 's', 'z', 'y','j']　　　　D. ['j', 'j', 's', 'y', 'z','z', 'z']

7. 以下表达式,正确定义了一个集合数据对象的是(　　)。

A. x={ 200, 'flg', 20.3}　　　　B. x=(200, 'flg', 20.3)

C. x=[200, 'flg', 20.3]　　　　D. x={'flg' : 20.3}

8. 以下程序的输出结果是(　　)。

```
ss = set("htslbht")
sorted(ss)
for i in ss:
  print(i,end="")
```

A. htslbht　　　　B. hlbst　　　　C. tsblh　　　　D. tsblh

二、填空题

1. 设 a=set([1,2,2,3,3,3,4,4,4,4]),则 sum(a)的值是________。

2. 设 s1={1,2,3},s2={2,3,5},则 s1.update(s2)执行后 s1 的值为________。

3. 设 a=set([1,2,2,3,3,3,4,4,4,4]),则 sum(a)的值是________。

4. 集合中的元素是不重复的,所以集合 a=________。

5. {1,2,3,4} & {3,4,5}的值是________,{1,2,3,4} | {3,4,5}的值是________,{1,2,3,4}-{3,4,5}的值是________。

三、判断题

1. 可以使用 del 删除集合中的部分元素。(　　)

2. 删除列表中重复元素最简单的方法是将其转换为集合后再重新转换为列表。(　　)

3. Python 集合不支持使用下标访问其中的元素。(　　)

4. Python 集合中的元素可以是元组。(　　)

5. Python 集合中的元素可以是列表。(　　)

6. Python 集合可以包含相同的元素。(　　)

7. 无法删除集合中指定位置的元素,只能删除特定值的元素。(　　)

8. Python 集合中的元素不允许重复。(　　)

四、编程题

1. 输入数字元素，并判断该元素是否在集合 s={1,3,5,7,9,11,13,15,17,19}中。如果在，打印 True；否则，打印 False。

2. 已经有三个集合表示三门学科的选课学生姓名（一个学生可以同时选多门课）：

```
s_history={'小明', "张三", '李四', "王五", 'Lily', "Bob"}
s_politic={'小明', "小花", '小红', "二狗"}
s_english={'小明', 'Lily', "Bob", "Davil", "李四"}
```

求：(1)选课学生总共有多少人。

(2)只选了第一个学科的人的数量和对应的名字。

(3)选了三门课的学生的数量和对应的名字。

项目5
函数

项目描述

在 Python 中，函数是事先组织好的、可重复使用的并实现特定功能的代码段。合理使用函数，能显著提高代码的复用率和开发效率。Python 不仅提供了丰富的内置函数，还允许用户自定义创建函数。使用函数的好处体现在以下三个方面：可以让相同的代码片段运行多次；可将大程序分解为多个较小的组件；可以与其他编程者共享函数。函数可以接收来自程序其他部分的输入，也可以产生输出以供程序使用。模块即由若干函数所构成的可复用代码组件。在本项目中，我们将主要讨论 Python 函数的定义和调用、函数的参数传递、函数模块的调用及高阶函数简化程序的方法。

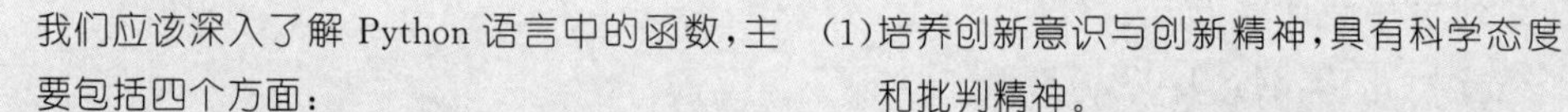

学习目标

我们应该深入了解 Python 语言中的函数，主要包括四个方面：

(1)理解并掌握函数的定义和调用；

(2)掌握函数的参数传递方式；

(3)掌握模块的含义与应用；

(4)应用高阶函数简化程序开发。

素质目标

(1)培养创新意识与创新精神，具有科学态度和批判精神。

(2)培养团队合作精神，学会共享，学会共同进步。

任务5.1 自定义数据统计函数

任务描述

分别编写统计函数，以求解一组数据的基本统计值，包括平均值、标准差、最小值、最大值。

任务分析

(1)编写一个输入函数，接收用户输入一组数据，并将其存储在列表中。

(2)编写各相关函数，统计列表的平均值、标准差、最大值、最小值。

(3)编写主功能程序，结合以上程序，实现对一组数据的统计分析。

5.1.1 函数定义和调用

1. 函数目的

为了直观对比函数构建代码和非函数模式下构建代码的形式差异，下面展示了三种方式根据圆的计算公式 S=π*r*r 计算 3 个不同大小的圆的面积的示例，具体如下：

(1)直接计算方式：

```
r1 = 12.34
r2 = 9.08
r3 = 73.1
s1 = 3.14 * r1 * r1
s2 = 3.14 * r2 * r2
s3 = 3.14 * r3 * r3
print(s1, s2, s3)
```

(2)列表存储计算方式：

```
r = [12.34, 9.08, 73.1]
for i in r:
    s = 3.14 * i* i
    print(s)
```

(3)函数计算方式：

```
def area(r):
    s = 3.141592 * r * r
    print(s)

area(12.34)
```

```
area(9.08)
area(73.1)
```

从上述的表现方式来看，可以提出下面几个问题：什么是函数？为什么要用到函数？如何构建函数？

在中文中，“函数”(function)一词最早是由清末数学家李善兰引入并翻译的。李善兰先生在其翻译的《代数学》第7卷中，写了这样一段译文：“凡式中含天，为天之函数”。意思就是“含有 x 的表达式，就是关于 x 的函数”，也就是我们熟知的 $f(x)$。“函”在古时有盒子的意思，函数确实也像个装了变量的盒子。如图5-1所示，函数反映了某个集合 A 通过法则 f 对应某个集合 B。

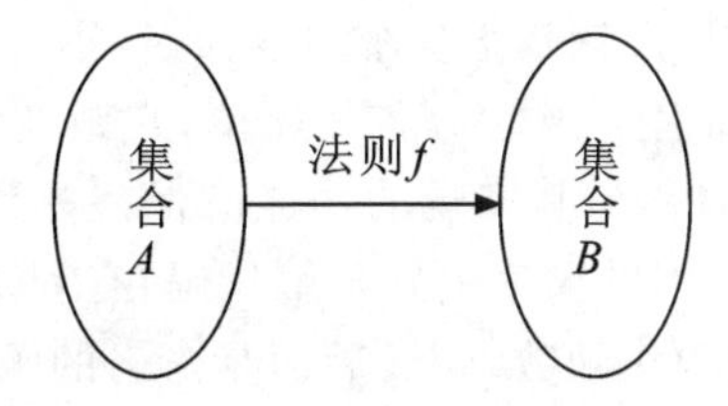

图5-1 数学中函数逻辑图

例如，当集合 A 里面有一段数字{1,2,3}时，通过加法法则 $f(x+2)$，它对应的集合 B 就是{3,4,5}。大家看出来，这是比较纯粹的函数应用。

李善兰先生笔下的函数更注重数学意义上的解释，但是如图5-2所示，计算机编程领域更注重函数的第二层含义——某个功能结构体在某段逻辑情况下与另外一个功能结构体有依赖关系。计算机的函数其实就是数学概念的衍生，而计算机的函数逻辑内容也是数学逻辑内容的衍生。事实上，对于Python函数的使用，我们并不陌生。本书前面项目的示例已经多次使用了Python的内置函数(build in function，简称BIF)，如print()、len()、range()等。但在实际应用过程中，标准化的内置函数并不能满足个性化功能需求，需要在程序设计过程中创建函数，即用户自定义函数。使用自定义的函数，不仅能够完成特定的功能，而且可以显著提高代码的重复利用率和程序的开发效率。

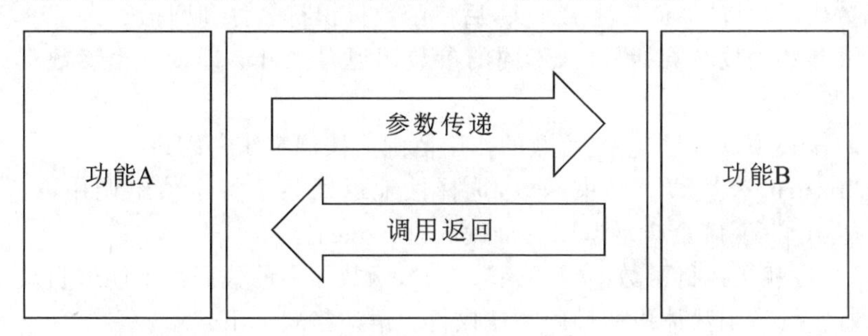

图5-2 计算机中函数逻辑图

例如，定义一个船舶方向控制函数以控制船舶的航行方向，包含上、下、左、右四个参数，也就是集合 A{上，下，左，右}，而模拟控制船舶方向暂且采用输出方向的方式进行模拟。因此，输出内容就是集合 B{上，下，左，右}，对应法则 f 就是船舶的控制逻辑。具体定义船舶方向控制函数的代码如下所示：

```
def shipcontrol(direction):
    print(direction)
```

其中,shipcontrol 是函数名,direction 是方向集合参数。这样,我们就能通过 direction 参数,传递船舶的方向操控信息。将功能特定、重用频率高的代码段封装成函数,可以简化长文编码的冗余,增强系统结构的可读性。并且,函数也可以灵活组织代码交互,减少代码固化率,有效进行系统功能更新迭代。

2. 函数定义

那么在 Python 中,该如何自定义一个函数呢?

人类具有社会性的重要因素,就是给各个内容命名,不管是静态内容,还是动态动作。而定义函数的第一要务就是命名。函数命名很简单,它跟变量命名的规则相同。一般情况下,每建立一个函数,它的名称与其实现的功能应保持一致。例如,求圆的面积的函数命名为 area()。好的命名可以帮助大家更好理解代码,有利于代码的维护。

def 这个关键字表示开始构建函数。def 后面是命名的函数名称和圆括号。在圆括号中可以指定函数中集合 A 的内容,它可以是什么都没有的空集,也可以是包含一个或多个内容的丰富集合。一般空集的函数内容都是进行某些操作处理,无须返回结果。

冒号用于结束函数命名,并开始函数体内容的构建。函数体是函数的程序代码,即实现特定功能的多行代码,必须保持对应上级结构代码缩进。函数体的内容,我们一般分两种模式。第一种模式是函数体不带 return 指令,也就是在调用时候不返回值,只执行函数体内容。第二种模式是函数体带有 return 指令,这时候通常是为了计算某个值,而这种模式是能给调用者带来想要的数值。语法格式如下:

```
def 函数名称([参数 1,参数 2[,…]]):
    函数体
    [return[返回值]]
```

由此,定义函数需要遵循以下四个简单规则:

(1)函数代码块以"def"关键字开头,后接函数标识符名称和圆括号。

(2)传入参数须放在圆括号内,不同的参数用逗号隔开。即使一个参数都没有,圆括号也必须保留。

(3)函数体必须以冒号起始,函数的作用范围要按规定统一缩进。

(4)以"return[表达式]"结束函数,选择性地返回某个特定值给调用方。如果不写"return[表达式]",系统会自动返回一个默认值 None。

调用函数也就是执行函数。定义函数之后,函数体内的代码是不能够自动执行的,只有调用函数的时候,函数体内的代码才被执行。语法格式如下:

```
函数名称([参数 1,参数 2[,…]])
```

如果在定义函数时没有设置参数,则调用函数时不需要传入参数。如果在定义函数时设置了多个参数,则调用函数时必须传入同等数量的参数,否则将抛出 TypeError 错误。如果传入的参数数量符合,但是参数类型不匹配,也会抛出 TypeError 异常,并且给出异常信息。函数都是先定义后调用。在定义阶段,Python 只检测语法,不执行代码。如果在定义阶段发现语法错误,将会提示错误,但是不会判断逻辑错误,只有在调用函数时，才会判断逻辑错误。

根据函数参数数量，可以将函数分为以下两类：

(1)无参函数。函数的参数可以看作数学集合的应用，而集合是可以包含空集的，参数为空集的函数在 Python 里面可以认为是无参函数。无参函数不需要外界传递相关信息，只需要被调用并执行里面的任务内容，即使仅仅只是打印一个空白行。

```
def my_func():
    print('Hello')
```

(2)有参函数。有参函数可以与被调用者进行数据交换，通过关系的一一映射来实现。

```
def my_func(x):
    print(x)
```

另外，还有一种特殊的函数，即空函数。空函数不做任何执行，一方面用来保证函数体逻辑的完整性，另一方面作为函数的默认实现，保证代码运行正常。看下面代码：

```
def my_abs(x):
    if x > 0:
        print(x)
    else:
        pass
my_abs(0)
my_abs(100)
```

上面代码中，pass 表示空语句。如果只判断 $x>0$ 的情况下需要执行的内容，而没有表示出 $x \leqslant 0$ 的情况，则逻辑不完整，容易造成读者误判。所以可以加上 $x \leqslant 0$ 的情况，执行内容用 pass 语句表示。在 Python 里面，逻辑模块或者函数模块，不能没有内容，否则报错，所以用 pass 语句代替。

3. 函数调用

下面定义一个求绝对值的函数 my_abs(x)，x 是求绝对值的形式参数。函数体内容是当 x 大于等于 0 时，返回 x 本身，当 x 小于零时，返回 x 的相反数，也就是 $-x$。

```
def my_abs(x):
    if x >= 0:
        return x
    else:
        return -x
    print(x)

my_abs(100)
my_abs(-1.2)
```

在调用函数时，函数调用名称与 def 定义函数名称一致即可，我们调用上面定义的求绝对值函数，就是 my_abs()里面单独传一个参数。调用函数时，第一次输入的是 100，输出值也是 100,第二次输入-1.2,输出值是 1.2。

【例 1】 每天输出一条励志文字。

```
def function_tips():
    """
    功能:每天输出一条励志文字
    """
    import datetime    #导入日期时间类
    #定义一个列表
    mot=["今天星期一:人生充满了不确定和惊喜。",
         "今天星期二:人生亦可燃烧,亦可腐败,我愿燃烧,耗尽所有的光芒。",
         "今天星期三:毅力和耐性在某种程度上将决定一个人会成为什么样的人。",
         "今天星期四:微笑拥抱每一天,做像向日葵般温暖的女子。",
         "今天星期五:志在峰巅的攀登者,不会陶醉在沿途的某个脚印之中。",
         "今天星期六:别小看任何人,越不起眼的人,往往会做些让人想不到的事。",
         "今天星期日:我们可以失望,但不能盲目。"]
    day=datetime.datetime.now().weekday()    #获取当前星期
    print(mot[day])  #输出每日一贴

#*******************调用函数*****************************#
function_tips()   #调用函数
```

首先在 Python 中定义一个输出日期及根据日期输出励志内容的函数,命名为 function_tips()的无参函数。函数体内,先导入 datetime 模块,这是 Python 中的时间处理模块,它可以帮助我们获取计算机系统的本地时间。然后再用一个列表存储星期一到星期日需要打印的内容。用 day 变量存储当前的日期,比如今天星期二,返回值就是 1。最后,调用 function_tips()函数打印当前日期的内容。

5.1.2 参数传递

1.形参与实参

函数参数是函数与外界交换信息的重要媒介。在 Python 中,调用函数时,主调函数和被调函数之间有数据传递关系,即带参数的函数形式。函数参数的作用是传递数据给函数使用,函数利用接收的参数集合进行具体的操作处理。

Python 中函数的参数包括两种类型:

(1)形参:在定义函数时声明的参数变量,仅在函数内部可见。形参是抽象的,它只是函数体在使用传入关系参数时的指示变量，它指示了这些参数集合用什么样的基本类型在函数体中运用，并最后确定是否返回给调用者。

(2)实参：在调用函数时实际传入的值。实参是根据形参的定义，在函数调用阶段一一对应传入函数中。

2.参数传递

下面 demo 函数有一个形参 ox，可以传入单个字符串，如 moi，也可以传入列表，如 list_moi。在调用函数时，Python 把实参变量的值赋给形参变量，实现参数的传递。

```
def demo(ox):
    print(ox)

moi='广东工贸职业技术学院'
demo(moi)
list_moi=['外语学院','测绘学院','机电学院','工商学院']
demo(list_moi)
```

执行后输出：

```
广东工贸职业技术学院
['外语学院', '测绘学院', '机电学院', '工商学院']
```

【例2】 根据身高、体重计算 BMI 指数。

```
def fun_bmi(person, height, weight):
    """功能:根据身高和体重计算 BMI 指数
        person:姓名
        height:身高,单位:米
        weight:体量,单位:千克
    """

    print(person+"的身高:"+str(height)+"米\t 体重:"+str(weight)+"千
克")
    # BMI 指数,公式为"体重/身高的平方"
    bmi=weight / (height * height)
    print(person+"的 BMI 指数为:"+str(bmi))  # 输出 BMI 指数
    #判断身材是否合理
    if bmi < 18.5:
        print("您的体重过轻@_@~\n")
    if 18.5 <= bmi < 24.9:
        print("正常范围,注意保持(-_-)\n")
    if 24.9 <= bmi < 29.9:
```

```
        print("您的体重过重@_@~\n")
    if bmi >= 29.9:
        print("肥胖@_@~\n")

# ****************************调用函数***
*****************************
fun_bmi("路人甲", 1.83, 60)  # 计算路人甲的BMI指数
fun_bmi("路人乙", 1.60, 50)  # 计算路人乙的BMI指数
```

执行后输出：

```
路人甲的身高:1.83米  体重:60千克
路人甲的BMI指数为:17.916330735465376
您的体重过轻@_@~
路人乙的身高:1.6米  体重:50千克
路人乙的BMI指数为:19.53124999999996
正常范围,注意保持(-_-)
```

示例中创建了一个计算bmi值的函数fun_bmi()，包含三个形参：person姓名、height身高和weight体重。函数体内容设定通过bmi公式weight/(height * weight)获得bmi，再根据bmi值确定某人当前身体状况并用print函数打印出来。

实参第一次传入路人甲，身高1.83m，体重60kg，获得bmi的值为17.9，函数判断路人甲的bmi小于18，他的体重过轻。第二次传入路人乙，身高1.60m，体重50kg，获得bmi值为19.5，函数判断出路人乙体重正常。

3. 参数传递方式

函数参数的传递方式包括值传递和引用传递。

(1)值传递，适用于实参为不可变类型的函数。如果传入的参数是字符串、数字或者元组等不可变类型，它就是值传递。

```
def sample(i):
    i += i
    print("形参值为:",i)

a="测绘遥感信息学院"
print("a的值为:",a)
sample(a)
print("实参值为:",a)
```

执行后输出：

```
a的值为:测绘遥感信息学院
形参值为:测绘遥感信息学院
实参值为:测绘遥感信息学院
```

(2)引用(地址)传递，适用于实参为可变类型的函数。如果传入的参数是列表或者字

典等可变类型，它就是引用传递。函数参数进行值传递后，若形参的值发生改变，不会影响实参的值；函数参数进行引用传递后，既改变形参的值，实参的值也会一同改变。

```
def sample(i):
    i += i
    print("形参值为：",i)


a = [1,2,3,4,5]
print("a 的值为：",a)
sample(a)
print("实参值为：",a)
```

执行后输出：

```
a 的值为：[1,2,3,4,5]
形参值为：[1,2,3,4,5,1,2,3,4,5]
实参值为：[1,2,3,4,5,1,2,3,4,5]
```

5.1.3 函数返回值

调用者和被调用者可以通过函数参数进行交互，其中参数作为入口接收外部信息，返回值作为出口把运算结果反馈给调用者。在 Python 中的函数体内，可以使用 return 指令返回我们需要告诉调用者的某个值，而这个值可以是已确定的某个值，或者通过计算某个表达式获得的某个值。当然，也可以是单独一个 return。单独的一个 return 将返回一个 None 值。语法格式如下：

```
def 函数名称([参数 1,参数 2[,…]]):
    函数体
    [return[返回值]]
```

return 返回一个数据类型与函数返回类型一致的表达式，该表达式的值就是函数的返回值。需要注意的是，return 语句执行后函数即结束，即使还有别的语句也不执行。

下面示例定义 area()函数，用于计算矩形的面积，函数参数为 a 和 b，使用 return 返回矩形的面积。

```
def area(a,b):
    area = a * b
    return area
print(area(2,5) * 8)
```

执行结果：

```
80
```

除了使用 return 返回计算结果，还可以使用输入参数返回。引用类型的参数可以返回计算结果。引用类型传递进来的只是外部变量的一个别名，我们操作的还是外部变量，这时候，使用函数直接改变外部变量的值，也算是被调用者与调用者的交互。为保障程序运行的安全性，这种返回方式使用较少。函数需要与主程序有数据单一性，避免主程序出现分步的功能运算。而引用类型违背当前函数的创作理念。不过，为何又需要用到引用类型呢？显而易见，参数的类型传递是有原因的，因为引用传递效率高，在没有那么严谨的信息保密性的前提下，遵循效率第一原则。

【例 3】 比较两个数的大小(自定义并调用函数)。

(1)顺序执行：

```
a = int(input('请输入第 1 个数:'))
b = int(input('请输入第 2 个数:'))
print('按从小到大排列:',end='')
if a<= b:
    print(a,b)
else:
    print(b,a)
```

(2)利用 def 自定义函数并调用该函数：

```
def max_new(a,b):
     c = b if b > a else a
    return c
a = input('请输入第 1 个数:')
b = input('请输入第 2 个数:')
m = max_new(a,b)
print(m)
```

5.1.4 任务实现

根据任务分析和所学知识，可参考以下思路编写代码：

(1)编写数值输入函数 getNum()，使用循环语句允许用户输入多个实数，并保存在列表中。

(2)编写计算平均值函数 my_mean()，输入参数为列表，返回。

(3)编写 my_dev()函数，计算标准差。

(4)编写 my_max()函数，计算最大值。

(5)编写 my_min()函数，计算最小值。

(6)编写主程序，调用以上程序，完成对不定长数据的统计分析。

根据以上思路，编写如下代码：

```
"""数值输入函数 getNum()，功能是使用循环语句允许用户输入多个实数，结
果保存在列表中"""
def getNum():
    alist=[]
    while True:
        num_str=input("请输入数字(输入 q 退出)：")
        if num_str== "q":
            break
```

```
        else:
            alist.append(eval(num_str))
    return alist

#计算平均值函数 mean,输入参数为列表,返回列表元素均值
def my_mean(numbers):
    s=0.0
    for num in numbers:
        s=s+num
    return s / len(numbers)

#计算标准差函数,输入参数为列表,返回列表元素标准差
def my_dev(numbers):
    m=my_mean(numbers)
    sdev=0.0
    for num in numbers:
        sdev += (num-m) ** 2
    sdev=math.sqrt(sdev / (len(numbers)-1))
    return sdev
#编写计算最小值函数
def my_min(numbers):
    m=numbers[0]
    for num in numbers:
        if num < m:
            m=num
    return m

#编写计算最大值函数
def my_max(numbers):
    m=numbers[0]
    for num in numbers:
        if num > m:
            m=num
    return m

#函数调用
data=getNum()  #输入数
mean=my_mean(data)  #平均值
dev=my_dev(data)  #标准差
```

```
    min=my_min(data)   #最小值
    max=my_max(data)   #最大值
    print("输入数据:", data)
    print("平均值:{},标准差:{:.2},最小值:{},最大值{}".format
          (mean, sdev, min, max))
```

小结

函数的常用操作和方法总结如下：

(1)函数被设计成为完成某一个功能的一段程序代码或模块，Python把一个问题划分成多个模块，分别对应不同的函数。

(2)用户可以自定义函数名称，与变量的命名规则相同。函数可以有多个参数，每个(形式)参数都有单独的名称，以函数的变量形式存在函数体。函数体是函数的程序代码，Python遵循以缩进方式的严格代码书写规则。

(3)在调用函数时，主调函数和被调函数之间有数据传递关系，即参数的函数形式。实际参数数量必须与定义时一致，位置必须与定义时一致。

(4)根据实际参数的类型不同，函数参数的传递方式包括值传递和引用(地址)传递。函数参数进行值传递后，若形参的值发生改变，不会影响实参的值；函数参数进行引用传递后，既改变形参的值，实参的值也会一同改变。

(5)函数的值是指函数被调用之后，执行函数体中的程序段所取得的并返回给主调函数的值。定义函数时，需要确定函数名和参数个数；建议先对参数的数据类型做检查；函数体内部可以用return随时返回函数结果；函数执行完毕也没有return语句时，自动return None；函数可以同时返回多个值(利用tuple索引调用结果)。

实训：计算任意数列的平均值

1. 实训目标

掌握函数定义、调用、参数传递与返回值等操作。

2. 需求说明

编写一个程序，该程序允许用户输入任意个数，程序将这些数传给函数average，average函数返回平均值，程序输出平均值。函数average需要自己重新编写。

3. 实训步骤

(1)定义average函数。注意需要先判断用户是否输入了有效参数。

(2)使用while循环，允许用户多次操作。

习题

一、选择题

1. 当用户输入abc时，下面代码的输出结果是(　　)。

```
    try:
        n=0
```

```
        n=input("请输入一个整数：")
        def pow10(n):
            return n * * 10
    except:
        print("程序执行错误" )
```

A. abc　　　　　　　　　　　　　　　　　B. 程序没有任何输出

C. 0　　　　　　　　　　　　　　　　　　D. 程序执行错误

2. 以下代码执行的输出结果是(　　)。

```
ls=[]
def func(a,b):
    ls.append(b)
    return a * b
s=func("Hello!",2)
print(s,ls)
```

A. 出错　　　　　　　　　　　　　　　　B. Hello! Hello!

C. Hello! Hello! [2]　　　　　　　　　　D. Hello! Hello! []

3. 以下程序的输出结果是(　　)。

```
def fun1():
    print("in fun1()" )
    fun2()
fun1()
def fun2():
    print("in fun2()")
    fun1()
fun2()
```

A. in fun1() in fun2()　　　　　　　　　B. in fun1()

C. 死循环　　　　　　　　　　　　　　　D. 出错

4. 以下程序的输出结果是(　　)。

```
s = 0
def fun(num):
    try:
        s += num
        returns;
    except:
        return0
    return5
print(fun(2))
```

A. 0　　　　　　　　　　　　　　　　　　B. 2

C. UnboundLocalError　　　　　　　　　　D. 5

5. 以下程序的输出结果是(　　)。

```
img1 = [12,34,56,78]
img2 = [1,2,3,4,5]
def displ():
    print(img1)
def modi():
    img1 = img2
modi()
displ()
```

A. ([1,2,3,4,5])　　　　B. [12, 34, 56, 78]

C. ([12, 34, 56, 78])　　　　D. [1,2,3,4,5]

6. 关于以下程序输出的两个值的描述正确的是(　　)。

```
da=[1,2,3]
print(id(da))

def getda(st):
    fa=da.copy()
    print(id(fa))
getda(da)
```

A. 两个值相等　　　　B. 每次执行的结果不确定

C. 首次不相等　　　　D. 两个值不相等

7. 关于函数的描述,错误的选项是(　　)。

A. Python 使用 del 保留字定义一个函数

B. 函数能完成特定的功能,对函数的使用不需要了解函数内部实现原理,只要了解函数的输入输出方式即可

C. 函数是一段具有特定功能的、可重用的语句组

D. 使用函数的主要目的是降低编程难度和增加代码重用

8. 以下关于函数的描述,错误的是(　　)。

A. 函数是一种功能抽象

B. 使用函数的目的只是增加代码复用

C. 函数名可以是任何有效的 Python 标识符

D. 使用函数后,代码的维护难度降低了

9. 以下关于 Python 函数使用的描述,错误的是(　　)。

A. 函数定义是使用函数的第一步

B. 函数被调用后才能执行

C. 函数执行结束后,程序执行流程会自动返回到函数被调用的语句之后

D. Python 程序里一定要有一个主函数

10. Python 中,函数定义可以不包括(　　)。

A. 函数名　　　　B. 关键字 def

C. 一对圆括号　　　　　　　　　　D. 可选参数列表

二、判断题

1. 在调用函数时,可以通过关键参数的形式进行传值,从而避免必须记住函数形参顺序的麻烦。(　　)

2. 编写函数时,一般建议先对参数进行合法性检查,然后再编写正常的功能代码。(　　)

3. 函数是代码复用的一种方式。(　　)

4. 定义函数时,即使该函数不需要接收任何参数,也必须保留一对空的圆括号来表示这是一个函数。(　　)

5. Python 中的函数必须要包含函数名、参数以及返回值。(　　)

三、编程题

自定义函数 abs 并添加参数类型检查的功能,只允许传入整数或浮点数。

任务 5.2　使用不定长参数,允许用户灵活输入

任务描述

定义一个函数,允许用户灵活输入不定长数据,并对数据进行排序。

任务分析

(1)明确排序函数使用冒泡排序法。其实现原理是重复扫描待排序序列,比较每一对相邻的元素,当该对元素顺序不正确时进行交换。一直重复这个过程,直到没有任何两个相邻的元素可以交换。

(2)定义一个冒泡排序函数,允许用户灵活输入多个数值。

(3)编写主程序,调用以上程序,完成对多个数值的排序。

5.2.1　位置参数

位置参数称为有参函数的必备参数,必须按照正确的顺序将实际参数传到函数,即调用函数时传入实际参数的数量和位置都必须和定义函数时保持一致,不能够错位传递,否则会引发异常或运行错误。

在调用函数时,实参和形参必须保持一致,具体说明如下:

(1)在没有设置默认参数和可变参数的情况下,实参和形参的个数必须相同。

(2)在没有设置关键字参数和可变参数的情况下,实参和形参的位置必须对应。

(3)在一般情况下,实参和形参的类型必须保持一致。

【例 1】　矩形面积函数参数设置。

```
def rectangle_square(length, width):
```

```
    print(length * width)

rectangle_square(3, 5)
```

示例构建一个名为 rectangle_square 的矩形面积函数，并设定两个形参 length 和 width。函数体内调用了 print 函数，输出矩形面积计算结果，传入上层函数参数，也就是 rectangle_square()函数中的 length 和 width 两个参数，作为计算变量值。

当调用函数 rectangle_square()的时候，3 和 5 为实参，其中 3 映射的形参是 length 还是 width，5 映射的形参是 length 还是 width 呢？当我们调用的参数是这种常量值，或者非相同名称的变量值时，参数应保持与函数形参的位置相同、数量相同，否则会引发错误。

【例 2】 计算 BMI 指数。

```
def info(name, height,weight ):
    bmi=weight/(height * height)
print(name, bmi)

info(3, 1.78, 76)
info('sam', 1.78, 76)
info(1.78, 'sam',76)
```

运行结果：

```
Traceback(most recent call last):
File "C:/Pycharm/exe/0311GI55.py", line 6, in <module>
    info(1.78,'sam',76)
File "C:/Pycharm/exe/0311GIS5.py", line 2, in info
    bmi=weight/(height * height)
TypeError: can't multiply sequence by non-int of type'str'
3 23.98687034465345
sam 23.98687034465345
```

上述代码调用了三次 info 函数，参数分别是(3, 1.78, 76),('sam', 1.78, 76),(1.78, 'sam', 76)。执行后，可以从执行结果中看到相关信息。第一次调用、第二次调用成功，第三次调用报错。

第一次调用参数输入为(3, 1.78, 76)，第一个 3 可以是数值 3，也可以隐式转换为字符类型'3'，后面跟着 1.78 和 76 分别对应参数 height 和 weight，所以成功运行。

第二次调用参数输入为('sam', 1.78, 76)，对应了 name、height 和 weight 三个参数，执行成功。

第三次调用的参数输入(1.78, 'sam', 76)，运行错误。直观来说，它没对应 name、height 和 weight 三个参数，因为 height 和 weight 都是数值类型，字符串'sam'与 height 参数类型不匹配，所以报错内容为"can't multiply sequence by non-int of type 'str'"，翻译过来就是传递的是字符串类型，而我们需要被传递的是数值类型，类型不匹配。

因此，位置参数具有如下特征：

(1)调用函数的实参类型、位置和个数，需要跟函数定义时的形参一致，否则会运行报错。

(2)定义函数类型的确认。因为只有数值类型才能参与计算,函数体内的 * 和/在计算机编译的时候,将 height 和 weight 认定为数值类型参与计算,这时候传递的实参将匹配相应的类型。

(3)如果实参传递非相应类型的参数,则需要使用类型转换函数,来通知编译器强制转换变量类型。

(4)如果实参和形参的位置顺序不对应,虽然 Python 不会自动检查,但是容易引发异常或逻辑错误。

5.2.2 关键字参数

在调用函数时,实参一般是按顺序传递给形参的。关键字参数能够打破参数的位置关系,根据关键字映射实现给形参赋值。

```
def print_str(str1,str2):
    print("姓名:",str1)
    print("学号:",str2)
#位置参数
print_str('王嘉丽','1921343')
#关键字参数
print_str(str1='王嘉丽',str2='1921343')
print_str(str2='1921343',str1='王嘉丽')
print_str('1921343', str1='王嘉丽')
```

运行结果:

```
王嘉丽 1921343
王嘉丽 1921343
王嘉丽 1921343
Traceback(most recent call last):
  File "C:/Pycharm/exe/03116I55.py", line 10, in <module>
    print_str('1921343', str1='王嘉丽')
TypeError:print_str() got multiple values for argument 'str1'
```

示例构建了一个 print_str()函数,具有两个参数 str1,str2。如果按照常规位置参数调用函数,可以赋值两个字符串类型变量,如“王嘉丽”,“1921343”。如果在传递参数的时候,特别是超长个数的参数,以人为识别方式,难免会忘记定义参数时的参数位置和类型,这时可以使用关键字参数辅助传递参数(传参)。

关键字参数传参的表现形式为,在调用定义的函数传递实参时,给实参前面加一个跟形参同名的映射项。比如示例中的 print_str()函数,在调用时可以书写成 print_str(str1='王嘉丽',str2='1921343')。在传递实际参数时,在“王嘉丽”这个参数前面加了标签 str1,标签指示第一个参数是传递的 str1 这个参数。同样,在学号前也添加了标签 str2。执行结果与不加标签相同。

如果我们仅仅是给实参带上标签,那它的能力就仅仅如此。但是实际情况并不是这样，换成 print_str(str2='1921343',str1='王嘉丽')这样的形式执行也能成功。这就表示，关键字参数突破了位置参数的限制，赋予了我们更好记忆与编排参数的能力。

一旦使用关键字参数，其后就不能够使用位置参数。因为这样会重复为一个形参赋值，并且容易引发运行错误。比如，我们必须烦琐地写下标签和参数，如果某一个参数写入标签，其他的参数并没有带入标签(第一个为正顺序第一的标签除外)，是不允许的。比如，这样传参 print_str('1921343', str1='王嘉丽')，执行结果就报了 print_str() got multiple values for argument 'str1'的错误，表示无法知道参数里面的 str1。

关键字参数的学习，让我们了解了函数的参数名应该具有更好的语义，这样程序可以立刻明确传入函数的每个参数的含义，方便用户使用关键字参数。

5.2.3 默认参数

定义函数时，参数列表可以包含默认参数。默认参数跟关键字参数有异曲同工之妙，它也是基于位置参数的某种变体。关键字参数是在调用函数中让实参和形参进行映射，而默认参数是在关键字参数上添加默认值，进一步影响形参到实参的映射。语法格式如下：

```
def 函数名(…,形参名,形参名=默认值):
    代码块
```

默认参数的声明语法是在形参名称后面用运算符"="给形参赋值。在参数列表中默认参数需要放置在非默认参数后面。默认参数不支持字典、列表等内容可变对象。默认参数的作用是，即便调用函数时没有给拥有默认值的形参传递参数，该参数也可以直接使用定义函数时设置的默认值。

【例 3】 计算贷款利息。

```
def gains(amount,day=90,rate=0.0338,days_year=365):
    profits=amount * day * rate/days_year
    print(profits)
gains(10000)
gains(10000,180)
gains(10000,180,0.0362)
gains(10000,180,0.0362,366)
```

运行结果：

```
83.34246575342465
166.6849315068493
178.5205479452055
178.0327868852459
```

示例构建 gains()函数，函数里面有四个参数(amount,day,rate,days_year)，其中使用了默认参数传递模式，分别在定义函数的时候给形参 day 赋予 90，rate 赋予 0.00338，day_year 赋予 365。

函数体构建内容用于计算贷款利息，在固定期限确定了贷款天数、还款息率。由于这些数据不会产生变化，函数在形参中赋予默认定值，如果这些参数不改，在调用函数时，可以直接赋予 amount 值，也就是本金值。比如利用 gains(10000)计算本金为一万的情况下所需还款利息，计算得到还款利息为 83.34246575342465。

而当我们的贷款环境改变时，我们就可以在实际调用时修改相关贷款环境条件，比如贷款日期延长至 90 天、贷款利率发生变化、某一年为闰年等情况。

默认参数存在如下两个规则：

(1)默认参数只能放在非确定参数变量之后。也就是说，如果出现 gains(amount=100,day,rate=0.00338,rate,days_year)这种函数定义，调用时将会报错，错误信息为 non-default argument follows default argument，意思是默认参数后没有跟默认参数，也就是上面 amount=100 后面跟的是不确定变量 day。

(2)默认参数赋值只能赋予常量。假设将上面的参数默认赋值，amount=amount1 这样赋值，会怎样呢？结果会报错，报错信息为 name 'amount1' is not defined，因为 amount1 是没有被赋予任何意义的值。

5.2.4 可变参数

当函数需要处理更多的参数时，即形式参数声明时没有命名，这些参数叫作可变参数(不定长参数)。语法格式如下：

```
def function(arg1,arg2, * args, * * kw)
```

其中，* args 是可变参数，args 接收的是一个元组；* * kw 是关键字参数，kw 接收的是一个字典。例如：

```
def stu_info(name, gender, class_stu=5, * args, * * kw):
    print("姓名:", name, "性别:", gender, "班级:", class_stu, "成绩:", args, "备注:", kw)


print(stu_info('陈怡','女',5,92, 85, 83, 74, 95,学期="2019-2020-02",年级="2019"))
args=('陈怡','女',5,92, 85, 83, 74, 95)
kw={"学期":"2019-2020-02","年级":"2019"}
print(stu_info( * args, * * kw))
```

运行结果：

```
姓名:陈怡 性别:女 班级:5 成绩:(92,85,83,74,95) 备注:{'学期':'2019-2020-02','年级':'2019'}
姓名:陈怡 性别:女 班级:5 成绩:(92,85,83,74,95) 备注:{'学期':'2019-2020-02','年级':'2019'}
```

示例定义 stu_info()函数，函数参数为(name, gender, class_stu=5, * args, * * kw)，函数体为输出各个参数值。

调用 stu_info()函数，并传递实参。执行后的输出结果可以看到，输出内容是元组('陈怡','女',5,92, 85, 83, 74, 95)和字典{学期="2019-2020-02",年级="2019"}两种类型。如示例所示，可以分开传参，也可以用两种类型传参，就是直接传递一个元组和一个字典，运行结果相同。

5.2.5 任务实现

根据任务分析和所学知识,可参考以下思路编写代码:

(1)定义一个函数,输入参数为可变参数类型(*args),允许用户灵活输入多个实数。在函数体内:

①将输入参数转化为列表。

②排序算法采用冒泡排序法,通过嵌套循环实现。对于每次外循环,遍历列表的同时比较相邻两个元素,如果前面元素大于后者,则两个元素交换。

(2)调用以上排序函数,输入任意个数的实数,并输出排序后结果。

根据以上思路,编写如下代码:

```
#编写排序函数。采用冒泡排序法
def mysort(*argv):
    data = list(argv)   #元组转化为列表
    n = len(data)
   #开始冒泡排序
   """第一轮找到最大值,放在最末尾;第二轮,找到第二大值,放在倒数第二位;…"""
    for i in range(n-1):
        #第i轮,任务是找到第i个最大值,放在倒数第i位
        for j in range(0, n-i-1):
            """第i轮,如果前面的数较大,则与后面的数交换,这样最大值一直往后"""
            if data[j] > data[j+1]:
                data[j], data[j+1] = data[j+1], data[j]   #元素交换
    return data

#主程序
x = mysort(1, 30, 10, 2, 21, 2)
print(x)
y = mysort(1, 30, 10)
print(y)
```

小结

参数传递类型包括位置参数、关键字参数、默认参数、可变参数。参数传递的常用操作和方法总结如下:

(1)传入函数的实际参数必须与形式参数的数量和位置对应。

(2)部分函数形式(实际)参数已设定,降低调用函数的难度。

(3)可以通过func(*args, **kw)的形式调用函数(允许对不定长参数进行操作)。

(4)关键字参数允许函数调用时参数的顺序与声明时不一致,Python解释器能够根

据参数名匹配参数值。

实训:汉诺塔问题

1. 实训目标

(1)理解函数默认参数。

(2)理解函数递归。

(3)熟练运用列表对象的方法。

2. 需求说明

据说古代有一座梵塔,塔内有三个底座A、B、C,A座上有64个盘子,盘子大小不等,大的在下,小的在上。有一个和尚想把这64个盘子从A座移到C座,但每次只能允许移动一个盘子。在移动盘子的过程中可以利用B座,但任何时刻3个座上的盘子都必须始终保持大盘在下、小盘在上的顺序。如果只有一个盘子,则不需要利用B座,直接将盘子从A座移动到C座即可。

3. 实训步骤

(1)编写函数,接收一个表示盘子数量的参数和分别表示源、目标、临时底座的参数。

(2)输出详细移动步骤和每次移动后三个底座上的盘子分布情况。

习题

一、选择题

1. 以下程序的输出结果是(　　)。

```
ab = 4
def myab(ab, xy):
ab = pow(ab,xy)
print(ab,end=" ")
myab(ab,2)
print( ab)
```

A. 4 4　　B. 16 16　　C. 4 16　　D. 16 4

2. 以下程序的输出结果是(　　)。

```
def f(x, y=0, z=0):
    pass
f(1, , 3)
```

A. Pass　　B. None　　C. not　　D. 出错

3. 以下程序的输出结果是(　　)。

```
def calu(x=3, y=2, z=10):
    return(x * * y * z)
h=2
w=3
print(calu(h,w))
```

A. 90　　B. 70　　C. 60　　D. 80

4. 以下程序的输出结果是(　　)。

```
def func(a, * b):
    for item in b:
        a += item
    return a
m = 0
print(func(m,1,1,2,3,5,7,12,21,33))
```

A. 33　　B. 0　　C. 7　　D. 85

5. 以下程序的输出结果是(　　)。

```
def func(num):
    num *= 2
x = 20
func(x)
print(x)
```

A. 40　　B. 出错　　C. 无输出　　D. 20

6. 以下程序的输出结果是(　　)。

```
fr=[]
def myf(frame):
    fa=['12','23']
    fr=fa
myf(fr)
print( fr)
```

A. ['12', '23']　　B. '12', '23'

C. 12 23　　D. []

7. 关于形参和实参的描述,以下选项中正确的是(　　)。

A. 参数列表中给出要传入函数内部的参数,这类参数称为形式参数,简称形参

B. 函数调用时,实参默认采用按照位置顺序的方式传递给函数,Python 也提供了按照形参名称输入实参的方式

C. 程序在调用时,将形参复制给函数的实参

D. 函数定义中参数列表里面的参数是实际参数,简称实参

8. 函数的可变参数 *args 传入函数时存储的类型是(　　)。

A. list　　B. set　　C. tuple　　D. dict

9. 以下关于函数参数传递的描述,错误的是(　　)。

A. 定义函数的时候,可选参数必须写在非可选参数的后面

B. 函数的实参位置可变,需要形参定义和实参调用时都要给出名称

C. 调用函数时,可变数量参数被当作元组类型传递到函数中

D. Python 支持可变数量的参数,实参用"*参数名"表示

10. 以下关于函数参数和返回值的描述,正确的是(　　)。

A. 采用名称传参的时候,实参的顺序需要和形参的顺序一致

B. 可选参数传递指的是没有传入对应参数值的时候，就不使用该参数
C. 函数能同时返回多个参数值，需要形成一个列表来返回
D. Python 支持按照位置传参，也支持名称传参，但不支持地址传参

二、判断题

1. 在函数中没有任何办法可以通过形参来影响实参的值。（　　）
2. 定义 Python 函数时，如果函数中没有 return 语句，则默认返回空值 None。（　　）
3. 函数中必须包含 return 语句。（　　）
4. 一个函数如果带有默认值参数，那么必须所有参数都设置默认值。（　　）
5. 调用函数时传递的实参个数必须与函数形参个数相等才行。（　　）

三、编程题

定义一个函数 say_hi_gender()，有 2 个参数 full_name 和 gender，接收人名和性别（“男”或“女”）的字符串为参数，函数的返回值为“尊敬的×××先生/女士，欢迎来到广东工贸职业技术学院！”。根据性别 gender 值确定称谓，男性称为“先生”，女性称为“女士”，不确定性别时称为“先生/女士”，返回值为替换了姓名与称谓的欢迎字符串。

任务 5.3　存储并导入函数模块

任务描述

在开发过程中，往往将代码按照功能划分为不同的模块，每个模块存储成一个文件（称为源文件）。因此，一个项目由多个源文件组成，通过文件导入调用其他文件的内容。本任务是将自定义函数存放在一个文件中，然后在另外的文件中调用相关函数。

任务分析

（1）将本项目第一个任务的函数组织成一个模块，并存储在一个源文件中。
（2）导入模块（文件），并调用相关函数进行测试。

5.3.1　变量作用域

一个 Python 工程的所有变量，并不是在任何位置都可以访问的，访问权限取决于这个变量的作用域。变量作用域是变量发生作用的范围。就作用域而言，Python 与 C、Java 等语言有着很大的区别。Python 中只有模块（module）、类（class）以及函数（def、lambda）才会有作用域的概念，其他的代码块（如 if/elif/else、try/except、for/while 等）语句内定义的变量，外部也可以访问。

变量根据作用域不同，可以分为全局变量与局部变量。当局部变量与全局变量重名时，对函数体内的局部变量进行赋值，不影响函数体外的全局变量。

全局变量，指的是定义在函数外面的变量。定义在函数外面的变量，拥有全局作用域。全局变量既能在一个函数中使用，又能在其他的函数中使用。

局部变量，指的是定义在函数里面的变量。它只能被函数里面访问，函数外面无法访

问到该变量。为了临时保存数据,需要在函数中定义变量来进行存储。当函数调用时,局部变量被创建;当函数调用完成后,这个变量就不能使用了。

```
total = 0
arg3 = 5
def sum(arg1, arg2 ):
    total = arg1+arg2+arg3
    print ("函数内是局部变量 :", total)
    return total
sum(10, 15 )
print ("函数外是全局变量 :", total)
```

运行结果:

```
函数内是局部变量:30
函数外是全局变量:0
```

示例定义了 total 变量、arg3 全局变量,并创建了 sum()函数,函数参数为 arg1 和 arg2。在 sum()函数体里构建了表达式 total=arg1+arg2+arg3,并返回其值。在 sum()函数体外为 arg3 变量赋值 5,并在 sum()函数体内加入了 arg3 变量。调用函数 sum(10, 15)执行后输出的 total 值是 30,但是 print 函数输出的全局 total 值还是 0。

由此,可总结该函数具有以下两个特征:

(1)函数内外有一个同名的 total 变量,但是最终值不一样,表明全局域与局部域的变量同名时,两个变量相互不影响。

(2)arg3 变量并不是通过函数形参列表赋予的,但最后调用 sum(10, 15)后得到 30。这说明,全局域函数可以在局部域中使用。

【例 1】 根据日期查询星座。

```
def Zodiac(month, day):
    #星座列表
    n = ('水瓶座','双鱼座','白羊座','金牛座','双子座','巨蟹座','狮子座','处女座',
'天秤座','天蝎座','射手座','摩羯座')
    #月份类别
    d = (20,19,21,20,21,22,23,23,23,24,23,22)
    #根据输入的月份返回星座
    if day <d[month-1]:
        return n[month-1]
    else:
        return n[month]
```

```
#输出星座
month = input('请输入月份(例如:5):')
day = input('请输入日期(例如:17):')
print('十二星座:',n)
print(str(month)+'月'+str(day)+'日'+'星座为:'+Zodiac(int(month),int
(day)))
```

运行结果:

```
请输入月份(例如:5):5
请输入日期(例如:17):17
Traceback(most recent call last):
  File "C:/Pycharm/exe/03116I55.py", line 43,in <module>
    print('十二星座:',n)
NameError: name 'n' is not defined
```

示例创建了 Zodiac()函数,函数参数为 month 和 day。Zodiac()函数内定义 n 和 d 变量,并对应赋值。然而调用 Zodiac()函数时运行报错,报错信息为 name 'n' is not defined。这表明,虽然在 Zodiac()函数里面定义了 n,但是 n 为函数内元组,属于局部变量,无法在全局域内直接调用。

其实,局部变量也有方法能在全局域中使用。只要在局部变量前加上关键字 global,那该局部变量就可以在全局域内使用。

【例 2】 global 关键字的使用。

```
name = '广东工贸职业技术学院'
print('name 在函数体外:',name)
def name_major():
    global name
    name = '地理信息技术 GIS'
    print('name 在函数体内:',name)
name_major()
print('name 在函数体外:',name)
```

运行结果:

```
name 在函数体外:广东工贸职业技术学院
name 在函数体内:地理信息技术 GIS
name 在函数体外:地理信息技术 GIS
```

示例定义了 name 变量和 name_major()函数。在函数体内给 name 变量前面加了限定关键字 global 后,函数体内的 name 与函数体外的 name 是相同的一个变量。name_major()函数被调用时,函数体内的 name 变量就发生了改变,这意味着函数体外的 name 变量也发生了改变。由此表明,在函数体内使用“global　变量名”语句可以使局部变量影响其在函数体外的表现。

5.3.2 模块生成和调用

1. 模块

模块,可以说是贯穿或者组织一个 Python 工程整体架构的核心功能部分。因为一个软件工程的构建,就是由 *N* 个逻辑鲜明的控制流和块处理的函数流组成的。模块的构建是动态的,它可以是一个包含多个函数的业务模块,也可以是仅仅包含一个函数的简单模块。在形式上,Python 模块是一个 Python 文件,以. py 结尾,包含 Python 对象定义和 Python 语句。

Python 提供了强大的模块支持,其中 Python 模块分为两种。一种是 Python 发布者建在 Python 内部的内置模块(称为标准模块),随着 Python 版本的叠加,Python 发布者能提供常用并有效的模块。另外一种是自创模块,里面包括了自身工程业务流、控制流、计算域功能,完善了自身功能的原生性。而很多非官方模块,统称为第三方模块。当然,我们也可以根据业务需求,自己开发相应的模块。

随着程序功能的复杂,程序体积会不断变大,为便于维护,通常会将其分为多个文件(模块),提高代码的可维护性和可重用性。模块功能的发布,极大提高了工程构建的效率。它能根据不同的业务流、功能控制流,单独地计算区域分布,完成相关任务。

模块的作用就是封装。Python 中的封装分为四个层次:

(1)诸多容器(列表、元组、字符串、字典等):对数据的封装。

(2)函数:对 Python 代码的封装。

(3)类:对方法和属性的封装,也可以说是对函数和数据的封装。

(4)模块:对代码更高级的封装,可以把能够实现某一特定功能的代码编写在同一个. py 文件中,作为一个独立的模块,既方便其他程序或脚本导入并使用,还能有效避免函数名和变量名发生冲突。

2. 自定义模块

通常情况下,把能够实现某一特定功能的代码,放置在一个文件中作为一个模块,从而方便导入并使用。在 Python 中,自定义模块有两个作用:

(1)规范代码,让代码更易于阅读,也可以避免函数名和变量名命名冲突的问题;

(2)方便其他程序使用已经编写好的代码,提高开发效率。Python 代码可以写在同一个. py 文件中,但随着程序不断扩大,为了便于维护,提高代码的可维护性,需要将其分为多个文件,提高代码的可重用性。

示例代码如下:

```
def sum( arg1, arg2 ):
    total = arg1+arg2
    print ("求和得数:", total)
```

```
    return total
def ……
    ……
sum( 10, 20 )
sum( 30, 25 )
……
```

示例中的代码定义了几个函数,并对其进行调用。内容比较多,可以将前面函数定义部分封装成一个模块,然后在需要调用相应函数时,只需要导入该模块即可。

3. 导入已有模块

我们可以利用 import 关键字导入相应模块,语法格式为:

```
import 模块名1 [as 别名1], 模块名2 [as 别名2],…
```

这是模块调用的常用方法。这种方法可以导入指定模块中的所有成员(包括变量、函数、类等)。当需要使用模块中的成员时,需用该模块名(或别名)作为前缀,否则 Python 解释器会报错。

```
import math
print(math.sqrt(9))
```

示例中通过 import math 语句导入数学模块后,程序就可以使用 math 模块中的 sqrt 函数。

```
import datetime
print(datetime.datetime.now())
```

示例中使用 import datetime 语句导入 datetime 模块。导入后,就可以使用该模块中 datetime 类中的 now 方法,用于输出当前的日期和时刻。

4. 导入自定义模块

自定义模块是将一系列常用功能放在一个.py 文件中。应用自定义模块一般包括以下几个步骤:

(1)编辑并调试好模块文件,如 rectangle_area.py。

```
#程序名称:rectangle_area.py
def area(a,b):
    area = a * b
    print('长方形的边长分别为:',a,'',b,end='')
    return area
```

(2)规划模块存放的目录,如将模块文件存放在 D:\myLearn\lib。

(3)配置模块文件目录,即将模块文件目录加到 PATHPYTHON 环境变量或在某应用该模块的文件中引用该模块前加入如下语句:

```
import sys          #引用系统内置模块 sys
sys.append('D:\myLearn\lib')
```

如果将模块文件放在当前项目工作目录中，则无须使用以上代码。

(4)引用模块。

```
import rectangle_area
h = rectangle_area.area(4,8)
print('面积:', h)
```

运行结果：

```
长方形的边长分别为:4  8 面积:32
```

除此之外，导入模块还可以使用 from 句式，具体语法格式如下：

```
from 模块名 import 成员名 1 [as 别名 1],成员名 2 [as 别名 2],…
```

在导入成员时，可以在成员后面使用 as 来起个别名。这种方法有三个特点：

(1)只会导入模块中指定的成员，而不是全部成员。

(2)当程序中使用该成员时，无须附加任何前缀，直接使用成员名(或别名)即可。

(3)用 [ ] 括起来的部分，可以使用，也可以省略。

【例 3】 自定义模块 abstest，模块中有一个求绝对值的自定义函数，然后在其他源代码文件中调用该函数。

模块编写：

```
#程序名称:abstest.py
def my_abs(x):
    if x >= 0:
        y = x
    else:
        y = -x
    print(y)
```

模块调用 1：

```
from abstest import my_abs
my_abs(100)
my_abs(-1.2)
```

运行结果：

```
100
1.2
```

模块调用 2：

```
from abstest import my_abs as abc
abc(100)
abc(-1.2)
```

运行结果：

```
100
1.2
```

5.3.3 任务实现

根据任务分析和所学内容，可按以下思路编写代码：

(1)将本项目任务 5.1 定义的均值函数、标准差函数、最大值函数、最小值函数保存在一个模块(.py 文件)中，模块命名为 statics.py。

(2)使用 import statics 导入 statics.py 模块。

(3)使用"statics.函数名"调用模块中的函数进行测试。

根据以上思路，编写如下代码。

模块编写：

```
#程序名称:statics.py
import math
def my_mean(numbers):  #计算平均值
    s = 0.0
    for num in numbers:
        s = s+num
    return s / len(numbers)
def my_dev(numbers):  #计算标准差
    m = my_mean(numbers)
    sdev = 0.0
    for num in numbers:
        sdev += (num-m) ** 2
    sdev = math.sqrt(sdev / (len(numbers)-1))
    return sdev
def my_min(numbers):
    m = numbers[0]
    for num in numbers:
        if num < m:
            m = num
    return m
def my_max(numbers):
    m = numbers[0]
    for num in numbers:
        if num > m:
            m = num
    return m
```

模块调用：

```
import statics

def getNum()：  #获取用户输入
    nums = []
    while True：
        num_str=input("请输入数字(输入q退出)：")
        if num_str== "q"：
            break
        nums.append(eval(num_str))
    return nums

data = getNum()  #主体函数
mean = statics.my_mean(data)  #平均值
dev = statics.my_dev(data)  #标准差
min = statics.my_min(data)  #最小值
max = statics.my_max(data)  #最大值
print("输入数据：", data)
print("平均值：{}，标准差：{:.2}，最小值：{}，最大值{}".format
  (mean, sdev, min, max))
```

小结

变量作用域和模块的常用操作和方法总结如下：

(1)两种基本的变量，一个是全局变量，一个是局部变量。全局变量是在函数体外面定义的，在整个 Python 文件中都是可以被访问的；而局部变量是在函数内部定义的，只能在函数体内部使用。

(2)在函数体内使用“global 变量名”语句，可以使局部变量影响其在函数体外的表现。

(3)Python 模块是一个 Python 文件，以.py 结尾，包含了 Python 对象定义和 Python 语句。模块能定义函数、类和变量，模块也能包含可执行的代码。

(4)导入模块的方式有两种，第一种是 import 模块名，第二种是 from 模块名 import 成员名。

实训：Excel 文件成绩处理

1. 实训目标

(1)了解扩展库 openpyxl 的安装与使用。

(2)熟练运用字典结构解决实际问题。

2.需求说明

(1)假设某学校所有课程每学期允许多次考试,学生可随时参加考试,系统自动将每次成绩添加到Excel文件(包含3列:姓名,课程,成绩)中,现期末要求统计所有学生每门课程的最高成绩。

(2)编写程序,模拟生成若干同学的成绩并写入Excel文件,其中学生姓名和课程名称均可重复,也就是允许出现同一门课程的多次成绩,最后统计所有学生每门课程的最高成绩,并写入新的Excel文件。

3.实训步骤

(1)在命令提示符环境中使用pip install openpyxl命令安装扩展库openpyxl。

(2)编写代码。

习题

一、选择题

1.以下关于Python函数对变量的作用,错误的是(　　)。

A.简单数据类型在函数内部用global保留字声明后,函数退出后该变量保留

B.全局变量指在函数之外定义的变量,在程序执行全过程有效

C.简单数据类型变量仅在函数内部创建和使用,函数退出后变量被释放

D.对于组合数据类型的全局变量,如果在函数内部没有被真实创建的同名变量,则函数内部不可以直接使用并修改全局变量的值

2.以下关于函数的描述,正确的是(　　)。

A.函数的全局变量是列表类型的时候,函数内部不可以直接引用该全局变量

B.如果函数内部定义了跟外部的全局变量同名的组合数据类型的变量,则函数内部引用的变量不确定

C.Python的函数里引用一个组合数据类型变量,就会创建一个该类型对象

D.函数的简单数据类型全局变量在函数内部使用的时候,需要再显式声明为全局变量

3.关于Python的全局变量和局部变量,以下选项中描述错误的是(　　)。

A.局部变量指在函数内部使用的变量,当函数退出时,变量依然存在,下次函数调用时可以继续使用

B.使用global保留字声明简单数据类型变量后,该变量作为全局变量使用

C.简单数据类型变量无论是否与全局变量重名,仅在函数内部创建和使用,函数退出后变量被释放

D.全局变量指在函数之外定义的变量,一般没有缩进,在程序执行全过程有效

4.关于局部变量和全局变量,以下选项中描述错误的是(　　)。

A.局部变量和全局变量是不同的变量,但可以使用global保留字在函数内部使用全局变量

B.局部变量是函数内部的占位符,与全局变量可能重名但不同

C. 函数运算结束后,局部变量不会被释放

D. 局部变量为组合数据类型且未创建,等同于全局变量

5. 关于 import 引用,以下选项中描述错误的是(　　)。

A. 使用 import turtle 引入 turtle 库

B. 使用 from turtle import setup 引入 turtle 库

C. 使用 import turtle as t 引入 turtle 库,取别名为 t

D. import 保留字用于导入模块或者模块中的对象

二、判断题

1. 函数中的 return 语句一定能够得到执行。(　　)

2. 在函数内部,既可以使用 global 来声明使用外部全局变量,也可以使用 global 直接定义全局变量。(　　)

3. 在同一个作用域内,局部变量会隐藏同名的全局变量。(　　)

4. 形参可以看作函数内部的局部变量,函数运行结束之后形参就不可访问了。(　　)

5. 尽管可以使用 import 语句一次导入任意多个标准库或扩展库,但是仍建议每次只导入一个标准库或扩展库。(　　)

三、编程题

使用 datetime 模块中 datetime 类的 now()函数获取当前时间,然后使用 date()、time()、today()函数分别获取日期、时间和日期格式信息。

任务 5.4　用高阶函数简化程序开发

任务描述

高阶函数指的是能接收一个或多个函数作为参数的函数。Python 有一些内置的高阶函数,在某些场合使用它们可以提高代码的效率。本任务要求使用各种常见高阶函数对一组数据进行运算。

任务分析

(1)随便用数值初始化一个列表,在列表中存在着数值字符串,比如"99"。

(2)将列表中的数值字符串转化为数值。

(3)去除列表中的偶数,只保留其中的奇数。

(4)对列表排序。

(5)对列表中的数据,计算平方和。

5.4.1 创建和使用匿名函数

1. 匿名函数的语法格式及特点

匿名函数就是没有名字的函数，不使用 def 语句来定义，使用 lambda 表达式(lambda expression)进行定义，也称为函数表达式。lambda 表达式基于数学中的 λ 演算得名，直接对应于其中的 lambda 抽象(lambda abstraction)。Python 允许用 lambda 关键字创造匿名函数，语法格式如下：

```
fn=lambda[arg1[,arg 2,…,argn]] : expression
```

其中，各参数定义如下：

(1)[arg1 [,arg 2,…,argn]]是匿名函数的参数，参数个数不限，参数之间用逗号分隔开。

(2)expression 是必选参数，为表达式定义函数体，并能够访问冒号左侧的参数，表达式只能写成一行。

(3)fn 是变量，用来接收 lambda 表达式根据表达式 expression 计算得到的返回值。

lambda 是一个表达式，而不是一个语句块，它具有如下特点：

(1)lambda 可以定义一个匿名函数，而 def 定义函数时要求给函数命名。这是 lambda 与 def 两者之间最大的区别。

(2)lambda 能够出现在 Python 语法不允许 def 出现的地方。例如，在一个列表常量中或者函数调用的参数中。

(3)lambda 不需要小括号，冒号左侧的值列表表示函数的参数，同时也不需要 return 语句，冒号右侧表达式的运算结果就是返回值。

(4)lambda 表达式只可以包含一个表达式，该表达式的计算结果可以看作函数的返回值，不允许包含复合语句，但在表达式中可以调用其他函数。

(5)lambda 结构单一，功能有限，不能够包含各种命令，如 for、while 等结构化语句，仅能够封装有限的运算逻辑。

2. 匿名函数的常见用法

(1)不传递参数，即没有输入参数的匿名函数。

```
#常规函数形式
def function1():
    return 'a'== 'b'
#匿名函数形式
function1=lambda: 'a'== 'b'
```

前面 function1 为函数名称，且没有输入参数；后面 function1 为函数变量，用于保存匿名函数。

(2)传递参数，即可以传递参数的匿名函数。

示例代码：

```
#常规函数形式
def function2(x,y,z):
    return(x+y) * z
#匿名函数形式
function2=lambda x,y,z:(x+y) * z
```

(3)if…else,即在函数体中使用 if…else 语句。

示例代码：

```
#常规函数形式
def function3(x,y):
    if x>y:
        return x
    else:
        return y
#匿名函数形式
function3=lambda x,y: x if x>y else y
```

3.匿名函数的调用

示例代码：

```
rectangle_C=lambda x, y: (x+y) * 2
print(rectangle_C(4, 3))
```

运行结果：

```
14
```

示例定义了匿名函数用于计算矩形的周长，其中 x 和 y 为矩形的长和宽。最后将匿名函数赋值给变量 rectangle_C。

调用时，需要输入两个参数，这里是 4 和 3。rectangle_C 会返回对应矩形的周长。可见，如果匿名函数有输入参数，调用时一定要输入相应的参数。

下面补充两个特殊的匿名函数。

```
lambda:None
```

该匿名函数没有输入参数，而且返回 None。

```
lambda * args: sum(args)
```

该匿名函数输入不定长参数，返回这些输入参数的和。

5.4.2 常用高阶函数

1.高阶函数的定义

高阶函数指的是能接收一个或多个函数作为参数的函数。

示例代码：

```
def bar():
    print("in the bar..")

def foo(function):   #参数为函数
    function ()
    print("in the foo..")

foo(bar)
```

运行结果：

```
in the bar..
in the foo..
```

示例定义了函数 bar()和函数 foo()。函数 foo()的输入参数为 function()，说明 function()不是一个普通的参数，而是一个代表函数的参数，即函数参数。函数 foo()使用函数作为输入参数，是一个高阶函数。调用时，将 bar 参数传递给 foo()函数。

2. 高阶 map()函数

map()函数是 Python 内置的高阶函数，其语法格式如下：

```
map(function, iterable,…)
```

map()括号里有两个参数：第一个为函数参数；第二个为可迭代对象，包括字符串、列表、元组、字典等。map()根据提供的函数对指定可迭代对象做映射，可迭代对象中的每一个元素调用 function 函数，返回包含每次 function 函数返回值的新可迭代对象。

【例 1】 定义 square 函数，计算 x 的平方。

代码：

```
def square(x):
    return x * * 2

map(square, [1,2,3,4,5])
map(lambda x: x * * 2, [1, 2, 3, 4, 5])
map(lambda x, y: x+y, [1, 3, 5, 7, 9], [2, 4, 6, 8, 10])
```

运行结果：

```
[1, 4, 9, 16, 25]
[1, 4, 9, 16, 25]
[3, 7, 11, 15, 19]
```

示例中第三行，使用 map()函数，让列表中每个元素调用 square 函数，即计算列表中每个元素的平方。

示例中第四行，在 map()函数中，第一个参数为 lambda()函数，lambda()函数输入为

x,返回 x 的平方。map()函数第二个参数为列表。这里使用 map()函数计算列表中每个元素的平方。

示例中第五行,map()第一个参数为 lambda()函数,计算输入的 x 和 y 的和。lambda()函数有两个参数 x 和 y,因此在 lambda()函数之后有两个列表,每个列表的元素个数是相同的。这里使用 map()函数,返回这两个列表中对应元素的和。

这里需要注意的是,map()函数返回的是 iterators 类型,即可迭代类型,需要使用 list()函数将其转化为列表。

```
L=[1,2,3,4,5]
L_new=list(map(lambda x: x ** 2, L))
```

运行结果:

```
[1, 4, 9, 16, 25]
```

示例中,先定义列表 L,然后使用 map()函数计算 L 中每个元素的平方。使用 list()函数将 map()函数的返回值转化为列表。

3. 高阶 reduce()函数

标准库 functools 中的函数 reduce()可以将一个接收 2 个参数的函数以迭代累计的方式从左到右依次作用到一个序列或迭代器对象的所有元素上,并且允许指定一个初始值。比如,计算列表元素和。其语法格式如下:

```
reduce(function, iterable[,initializer])
```

其中,必须有两个参数(参数 function 和参数 iterable),initializer 是可选的参数。

它取出序列的头两个元素,将它们传入二元函数获得一个单一的值。然后将这个值与序列的下一个元素的值通过函数获得新的值,直到整个序列的内容都遍历完毕,最后的值被计算出来为止。

示例代码:

```
from functools import reduce
def add(x, y):
    return x+y
x=reduce(add, [1, 3, 5, 7, 9])
print(x)
x=reduce(lambda x, y: x+y, [1, 3, 5, 7,9 ])
print(x)
```

运行结果:

```
25
25
```

示例展示了 reduce()函数的执行过程。在执行时,reduce()函数将列表中的每两个元素执行一次函数(传递 2 个参数),并且可以将前两个元素计算的结果拿过来,继续和列表中的第三个元素计算,计算完成后继续和第四个计算……最后返回的就是计算后的结果。

4. 高阶 sorted()函数

sorted()函数对所有可迭代的对象进行排序操作，返回的是一个新的 list，其语法格式如下：

```
sorted(iterable[, cmp[, key[, reverse]]])
```

其中：iterable 为要排序的序列、列表、字典、元组等；key 为函数，用于指定可迭代对象中的一个元素来进行排序；reverse 可选，为布尔值，False 将按升序排列，True 将按降序排列，默认为 False。

【例 2】 对列表中元素按从小到大进行排序。

代码：

```
a=[5, 7, 6, 3, 4, 1, 2]
b=sorted(a)
print()
```

运行结果：

```
[1, 2, 3, 4, 5, 6, 7]
```

【例 3】 使用 key 参数指定按元素第 2 个组分进行排序。

代码：

```
L1=[('b', 2), ('a', 1), ('c', 3), ('d', 4)]
L2=sorted(L1, key=lambda x : x[1])                #利用参数 key 排序
print(L2)
```

运行结果：

```
[('a', 1), ('b', 2), ('c', 3), ('d', 4)]
```

示例中，首先定义列表 L1，列表中的每个元素是元组，元组元素包含一个字母和一个数值。第二行代码执行的是 sorted()函数，key 关键字赋值为 lambda()函数，lambda()函数输入为 x，输出为 x 中的第二个元素。可见，这是对列表进行排序，是根据每个元素的第二个分量来排序的。

【例 4】 使用 key 参数指定按元素第 3 个组分进行排序。

代码：

```
students=[('John', 'A', 15), ('Jane', 'B', 12), ('Dave', 'B', 10)]
students_new= sorted(students, key=lambda s: s[2])
print(students_new)
```

运行结果：

```
[('Dave', 'B', 10), ('Jane', 'B', 12), ('John', 'A', 15)]
```

示例首先定义了学生 students 列表，包含每个学生的姓名、等级和年龄。代码第二行则使用 key 参数指定用学生的年龄来排序。

5. 高阶 filter()函数

filter()函数用于过滤可迭代对象(如字典、列表),过滤掉不符合条件的元素,返回由符合条件元素组成的新的可迭代对象。可迭代对象是一个可以被遍历的 Python 对象,也就是说,它将按顺序返回各元素。其语法格式如下:

```
filter(function, iterable)
```

其中,function 为用于过滤元素的函数,iterable 则为需要过滤的对象。filter()返回 iterators 类型,可通过 list()将其转换为列表。

示例代码:

```
def is_odd(n):
    return n % 2== 1
newlist=list(filter(is_odd, [1, 2, 3, 4, 5, 6, 7, 8, 9, 10]))
print(newlist)
```

运行结果:

```
[1, 3, 5, 7, 9]
```

示例首先定义函数 is_odd(),用于判断 n 是否为奇数。如果 n 为奇数,则返回 True,否则返回 False。然后使用 filter()函数进行筛选判断。其中 filter()函数的第一个参数为 is_odd()函数,第二个参数为待筛选列表。这里,filter()函数将列表中的奇数保留下来,并存储为 iterators 类型,最后使用 list()函数转化为列表。代码执行后,输出列表元素为[1, 3, 5, 7, 9]。

5.4.3 任务实现

根据任务分析,可以按以下操作实现本任务的代码编写:

(1)随便用数值初始化一个列表,在列表中存在着数值字符串;

(2)使用 map()函数将列表中的数值字符串转化为数值;

(3)使用 filter()函数去除列表中的偶数;

(4)使用 sorted()函数对列表排序;

(5)使用 reduce()函数计算表中数据的平方和。

根据以上思路,编写如下代码:

```
from functools import reduce
L1=[3, 4, "1", 2, 10, 7, 21, 32, 41]
L2=list(map(int, L1))  # L1 中的每个元素都转化为整数
# 保留 L2 中的奇数
L3=list(filter(lambda x: True if x % 2== 1 else False, L2))
L4=sorted(L3)  #排序
result=reduce(lambda x, y: x * x+y * y, L4)  #计算平方和
print(result)
```

运行结果：

```
512661845
```

小 结

本任务主要学习了以下内容：

(1)匿名函数。lambda表达式称为匿名函数，常用来表示内部仅包含1行表达式的函数。对于单行函数，使用lambda表达式可以省去定义函数的过程，让代码更加简洁；对于不需要多次复用的函数，使用lambda表达式可以在用完之后立即释放，提高程序执行的性能。

(2)常见的高阶函数。其中：map()函数根据提供的函数对指定可迭代对象做映射，可迭代对象中的每一个元素调用function函数，返回包含每次function函数返回值的可迭代对象；reduce()函数对参数可迭代对象中元素进行累计(计算列表元素和)；filter()函数用于过滤序列，过滤掉不符合条件的元素，返回由符合条件元素组成的可迭代对象；sorted()函数对所有可迭代的对象进行排序操作，返回的是一个新的list。

实训：输出素数

1. 实训目标

(1)理解筛选法求解素数的原理。

(2)理解列表切片操作。

(3)熟练运用内置函数enumerate()。

(4)熟练运用内置函数filer()。

2. 需求说明

编写程序，输入一个大于2的自然数，然后输出小于该数字的所有素数组成的列表。

3. 实训步骤

(1)使用input语句输入一个大于2的自然数N。

(2)生成一个列表lst，列表元素为2～N之间的所有自然数。

(3)使用筛选法求解素数。筛选法求解素数的基本思想是：把从2到N的一组正整数从小到大按顺序排列，从中依次删除2的倍数、3的倍数、5的倍数，直到根号N的倍数为止，剩余的即为2～N之间的所有素数。具体实现为：使用for循环语句对列表lst中的每个元素num分别进行处理，如果num大于根号N，则退出循环，否则使用filter()函数从num之后的元素中筛选出不属于num的倍数的元素，并替换num之后的所有元素。

(4)输出列表lst中的元素。

习题

一、选择题

1. 下面程序代码的运行结果为(　　)。

```
list_1=map(str, [1,2,3,4])
print(list(list_1))
```

A. [1, 2, 3, 4]　　B. ['1', '2', '3', '4']

C. None　　D. 程序报错

2. 下列代码的输出结果可能是(　　)。

```
from functools import reduce
def my_func(x, y):
    return x+y
ages=[12,13,11,19,20]
res=reduce(my_func, ages)
print(res)
```

A. 75　　B. [75,]

C. [25,30,20]　　D. 12+13+11+19+20

3. 关于 Python 的 lambda()函数,以下选项中描述错误的是(　　)。

A. lambda()函数将函数名作为函数结果返回

B. f=lambda x,y:x+y 执行后,f 的类型为数字类型

C. lambda()用于定义简单的、能够在一行内表示的函数

D. 可以使用 lambda()函数定义列表的排序原则

4. 对于 Python 语句 f=lambda x,y:x * y,f(12,34)的运行结果是(　　)。

A. 12　　B. 22　　C. 56　　D. 408

5. 关于 lambda()函数,以下选项中描述错误的是(　　)。

A. lambda 不是 Python 的保留字

B. lambda()函数也称为匿名函数

C. lambda()函数定义了一种特殊的函数

D. lambda()函数将函数名作为函数结果返回

二、判断题

1. Python 中的高阶函数 reduce(),它接收一个函数和一个 list,其中函数必须有 2 个参数,每次函数计算的结果继续和序列的下一个元素做累积运算,最终的返回结果与 map()相似,也是一个列表。(　　)

2. Python 中的高阶函数 map(),它需要传入一个函数和一个 list,通过把函数依次作用在 list 的每个元素上,得到一个新的 list 并返回。(　　)

3. Python 中高阶函数 filter()的作用是对每个元素进行判断,判断结果如果是 False,会自动过滤掉不符合条件的元素。(　　)

4. Python 使用 lambda 创建匿名函数,匿名函数拥有自己的命名空间。(　　)

5. 函数可以作为参数传入另外一个函数。(　　)

6. 匿名函数可以通过 lambda 关键字进行声明。(　　)

7. filter()传入的函数的返回值是布尔值。(　　)

8. Python 3. x 中 reduce()是内置函数。(　　)

9. map()函数是序列操作函数。(　　)

10. 高阶函数中函数可以作为参数被传入。(　　)

三、编程题

1. 借助 reduce()函数实现将列表 numbers=[1,2,3,4,5]中的奇数元素相乘。

2. 使用 map()函数,求元组 (2,4,6,8,10,12)中各个元素的 4 次方。

3. 请运用 reduce()函数,计算 20 的阶乘,并于终端打印计算结果。

项目 6
面向对象程序设计

项目描述

本项目将介绍面向对象程序设计思想及相关编程知识，包括类的定义，类的属性与方法，对象实例化，对象属性的赋值与使用，类的封装、继承与多态等知识。其中，类是一个关键的概念。一个类是一个对象的抽象模板，它定义了对象的属性(状态)和方法(行为)，并允许创建具有相同属性和方法的多个对象。类的属性一般用于存储对象的状态，而方法用于定义对象的行为。对象是类的具象化，即类定义了对象的模板，而对象是根据类创建的实体，具有该类定义的属性和方法。一旦对象被创建，则可以通过对象名访问和修改其属性，使用其方法。

学习目标

(1)掌握类的创建、属性的定义、方法的定义，尤其是构造函数的定义等操作。

(2)掌握对象的创建、属性访问和方法调用。

(3)掌握类的共有、私有关键字的概念与使用方法。

(4)掌握类的封装、继承的概念与使用方法。

(5)掌握多态的概念与使用方法，基于示例明确封装、继承、多态的使用场合。

素质目标

(1)培养严谨认真、实事求是的科学精神。

(2)培养创新意识与创新精神，具有科学态度和批判精神。

任务6.1 创建商品类

任务描述

使用类与对象方法,编写自动售货机的简易程序,分析抽象商品的共有属性与方法,创建商品类,最后实例化几个具体对象,并显示商品最终价格。

使用列表,编写自动售货机的简易程序,模仿用户在自动售货机购买商品的过程,包括看到商品列表,在余额足够情况下,选择商品放入购物车,最终结账。

任务分析

(1)定义商品类,封装商品名 name、商品原价 price 及折扣 discount。设置商品原价和折扣为私有成员。

(2)在类中设置商品折扣的方法 set_discount。对折扣值进行判断,如果小于 0 或者大于 1,则不予设置。

(3)在类中添加 property 属性 actual_price,用于计算并返回商品价格。商品价格为原价与折扣的乘积。

(4)实例化一个商品对象,使用对象方法打印商品的实际价格。

6.1.1 类和对象

1.类的定义

在我们现实生活中,我们接触到的人和物都是一个个对象,比如人、猫、桌椅、房子、电视机等。任何对象都具有属性和行为,比如狗有颜色、年龄、大小等属性和吃、跳等行为。而类是对象抽象化的模板,用于描述某种对象共有的属性和方法。对象是类的实例化。比如人类和每个人,人类是一个类,是对人的抽象,定义了人所共有的属性和方法;每个人是类的实例化,每个人具有不同的属性值。

面向对象编程是一种编程方式,需要使用“类”和“对象”来实现,即面向对象编程其实就是对“类”和“对象”的使用。在 Python 中,一切都是对象,比如整数、浮点数、字符串、列表、函数等都是对象。类是一个模板,模板里可以包含属性和多个方法,方法里实现一些功能;对象则是根据模板创建的实例,通过实例对象可以执行类中的函数。

在 Python 语言中,使用 class 语句来创建一个新类,具体格式如下:

```
class ClassName:
    '类的帮助信息'  #类文档字符串
    class_suite   #类体
```

其中,ClassName 为类的名称(通常首字母大写开始),尽量让类名的字面意思体现出类的作用。class_suite 为类体，主要由类变量、方法、属性等组成，如果在定义时类还没有设计好，可以先用 pass 代替。

以下定义了学生类 Student：

```
class Student:
    situation='在校生'
    college='广东工贸职业技术学院'
    def info():
        print('2019-2020 学年第 2 学期课程考核方式问卷调查')
```

其中：situation 和 college 即类属性，用于记载类的信息；info()则为类的方法，用于执行相关功能。以下代码示范如何使用该类的属性和方法。

```
print(Student.situation, Student.college)
Student.questionnaire_info()
```

执行结果：

```
在校生   广东工贸职业技术学院
课程考核方式问卷调查
```

以上第一行代码输出 Student 类的 situation 和 college，第二行输出 Student 类的 questionnaire_info()。需要注意，在调用类的属性和方法时，必须在属性和方法前加上类名。

2. 构造函数和析构函数

创建类之后，可以为类添加构造函数。每创建一个对象，就会自动调用构造函数，构造函数的主要作用是设置对象的初始属性或执行其他必要的操作，以确保对象在创建后处于一个合适的状态。在 Python 中，构造函数格式如下：

```
def __init__(self,参数列表):
    函数主体
```

注意以上构造函数名为__init__，前后是两个连续的短下划线，其第一个参数必须为 self。如果在定义类时，没有定义构造函数，那么 Python 解释器在执行代码时会自动添加默认的构造函数。默认的构造函数，除了 self 参数外，没有其他的输入参数，而且其函数体没有任何内容。

现在为以上学生类 Student 添加构造函数和输出个人信息的方法。

```
class Student:
    major='地理信息技术(GIS)'
    class_self='5'
    school='测绘遥感信息学院'
    def __init__(self, name, ID, age, gender, GPA):
```

```
            self.name=name
            self.ID=ID
            self.age=age
            self.gender=gender
            self.GPA=GPA
        def print_info(self):
            print('姓名:%s   学号:%s   年龄:%s   性别:%s   GPA:%f' % (self.name,self.ID, self.age,self.gender,self.GPA))
```

以上代码中,__init__(self, name, ID, age, gender, GPA)为构造函数,输入参数有6个,用于设置对象的姓名 name、学号 ID、年龄 age、性别 gender 和 GPA 值。方法 print_info(self)用于输出个人信息。

下面代码是调用该类,并生成对象。

```
print(Student.school, Student.major+'专业', Student.class_self+'班')
s1=Student('王馨怡','19112530','19','女',8.2)
s2=Student('苏振达','19112517','20','男',6.5)
Student.print_info(s1)
Student.print_info(s2)
```

执行结果:

```
测绘遥感信息学院 地理信息技术(GIS) 专业 5 班
姓名:王馨怡   学号:19112530   年龄:19   性别:女   GPA:8.200000
姓名:苏振达   学号:19112517   年龄:20   性别:男   GPA:6.500000
```

以上代码中,第 2 行生成一个学生 s1,第 3 行生成另外一个学生 s2。由于 Student 的构造函数除了 self 之外,还有 5 个参数,因此第 2 行代码生成对象时需要在类名 Student 后输入 5 个参数,分别为姓名、学号、年龄、性别和 GPA 值,分别与构造函数的参数一一对应。

一个类允许定义多个构造函数,每个构造函数可以有不同的输入参数,在生成对象时会根据输入的参数自动调用相应的构造函数初始化对象。如果生成对象的输入参数与任何一个构造函数的输入参数都不匹配,则会抛出异常。

析构函数与构造函数相反,是在对象消亡时自动调用的,主要用于资源回收等操作。其语法格式为:

```
def __del__(self):
    函数主体
```

跟构造函数一样,如果类定义时没有析构函数,那么 Python 解释器会自动添加一个空的析构函数。

在以上学生类中添加以下构造函数:

```
def  __del__(self):  #析构函数
    print("%s所在的对象被移除"%self.name)
```

输入以下代码块：

```
s1=Student('王馨怡', '19112530', '19', '女', 8.2)
s2=Student('苏振达', '19112517', '20', '男', 6.5)
Student.print_info(s1)
Student.print_info(s2)
```

运行结果：

```
姓名:王馨怡  学号:19112530  年龄:19  性别:女  GPA:8.200000
姓名:苏振达  学号:19112517  年龄:20  性别:男  GPA:6.500000
王馨怡所在的对象被移除
苏振达所在的对象被移除
```

6.1.2 对象属性和方法

首先，使用 help 方法获取类的帮助信息，比如以下代码获取以上定义的 Student 类的帮助信息：

```
help(Student)
```

运行结果：

```
Help on class Student in module __main__:
class Student(builtins.object)
 |  Student(name, ID, age, gender, GPA) |
 |  Methods defined here: |
 |  __init__(self, name, ID, age, gender, GPA)
 |      Initialize self.  See help(type(self)) for accurate signature. |
 |  print_info(self) |
 |  ----------------------------------------------------------------------
------------------------------------------------------------------------
--
 |  Data descriptors defined here: |
 |  __dict__
 |      dictionary for instance variables (if defined) |
 |  __weakref__
 |      list of weak references to the object (if defined) |
 |  ----------------------------------------------------------------------
------------------------------------------------------------------------
--
 |  Data and other attributes defined here: |
```

```
|  class_self='5' |
|  major='地理信息技术(GIS)' |
|  school='测绘遥感信息学院'
```

输出中，“Methods defined here”表示定义的方法，“Data and other attributes defined here”表示定义的属性。

现在再定义火车票类 Ticket。

```
class Ticket():
    speed="动车"  # 类属性
    time="当日到达"

    def __init__(self, checi, fstation, tstation, fdate, ftime):
        self.checi=checi  #对象属性
        self.fstation=fstation
        self.tstation=tstation
        self.fdate=fdate
        self.ftime=ftime

    def printInfo(self):
        print("车次:", self.checi, end="")
        print("出发站:", self.fstation, end="")
        print("到达站:", self.tstation, end="")
        print("出发日期:", self.fdate, end="")
        print("出发时间:", self.ftime)
```

Ticket 类中定义了两个类属性 speed 和 time，对象中定义了四个属性，分别为车次 checi、出发站 fstation、到达站 tstation、出发日期 fdate 和出发时间 ftime。Ticket 类中还定义了对象方法 printInfo，用于输出对象属性。

下面代码生成两张车票 G66 和 G70，并输出车票信息。

```
G66=Ticket("G66", "广州南", "北京西", "10月20日", "18:00")
G70=Ticket("G70", "广州南", "北京西", "10月21日", "22:28")
G66.printInfo()
G70.printInfo()
```

运行结果：

```
车次: G66 出发站:广州南 到达站:北京西 出发日期: 10月20日 出发时间: 18:00
车次: G70 出发站:广州南 到达站:北京西 出发日期: 10月21日 出发时间: 22:28
```

现在输出 Ticket 的 time 属性，修改类的 speed 属性。

```
print(Ticket.time)
Ticket.speed="普通列车"
print(Ticket.speed)
```

运行结果：

```
当日到达
普通列车
```

6.1.3 私有属性和 Property 属性

1. 属性修改方法

在 Python 中，对象可以具有方法和属性。对象属性是作用于实例的属性，对象方法则是作用于实例的方法。现在以 Person 类为例：

```
class Person:
    name='Alesy'  #类中属性
    gender='M'    #类中属性

    def get_name(self):  #对象方法，访问对象属性
        return self.name

    def set_gender(self, gender):  #对象方法，改变对象属性
        self.gender=gender
        return self.gender
```

Person 类中定义了两个类中属性 name 和 gender，并且定义了两个对象方法，其中 get_name 方法用于获取对象姓名，set_gender 方法用于设置对象性别。

现在测试输出类和对象的属性。

```
p1=Person()
print(Person.name)
print(p1.get_name())
print(p1.name)
```

执行结果：

```
Alesy
Alesy
Alesy
```

从执行结果可以看出，Person 类的对象默认具有 Person 类的 name 属性。

现在修改 p1 的 name 属性，再输出。

```
p1.name="苏小霞"
print(Person.name)
print(p1.get_name())
print(p1.name)
```

执行结果：

```
Alesy
苏小霞
苏小霞
```

从输出结果可以看出，代码 p1.name="苏小霞"只是修改了 p1 对象的 name 属性，并没有修改 Person 类的 name 属性。

现在读取和设置性别 gender：

```
print(Person.gender)
print(p1.gender)
print(p1.set_gender('女'))
print(Person.gender)
```

执行结果：

```
M
M
女
M
```

同样，代码 p1.set_gender('女')只是改变了 p1 的 gender 属性，没有改变 Person 类的 gender 属性。

2.私有成员

在默认情况下，类中定义的属性和方法，在类的外面都是可以访问和修改的。如果希望有些属性或者方法不在类外面被使用，则需要将这些属性或者方法设置为私有成员。Python 中的私有成员是一种封装机制，用于限制对类的内部实现细节的访问权。它有助于保护类的数据和方法，防止外部代码意外或恶意地修改或访问它们，同时提高代码的安全性和可维护性。

只要在属性名称或者方法名称的前面加上两个下划线(__)，即可以将该属性或者方法设置为私有成员。比如下面代码将 Person 类中的 name 属性和 gender 属性改为私有属性：

```
class Person:
    __name='Alesy'  #类中属性(特性)
    __gender='M'  #类中属性(特性)
```

```
    def get_name(self):  #对象方法,访问属性(特性)
        return self.__name

    def set_gender(self, gender):  #对象方法,改变属性(特性)
        self.__gender=gender
        return self.__gender
```

以上代码中,在 name 和 gender 前加上两个连续下划线(__),将它们变为私有属性。私有属性只能在类中访问,在类中调用它们时,也要相应地在属性前加上两个下划线。既然称为私有属性,自然无法在类外面访问私有属性了。

以下代码尝试在类的外面访问对象的私有属性__name,执行时抛出属性异常 AttributeError,提醒 Person 对象没有__name 属性。

```
p1=Person()
print(p1.__name)
```

执行结果:

```
  File "F:\类定义\test.py", line 15, in <module>
    print(p1.__name)
AttributeError: 'Person' object has no attribute '__name'
```

如果直接访问 Person 对象的 name 呢?同样会抛出属性异常 AttributeError,提醒 Person 对象没有 name 属性。

```
p1=Person()
print(p1.name)
```

执行结果:

```
  File "F:\类定义\test.py", line 15, in <module>
    print(p1.name)
AttributeError: 'Person' object has no attribute 'name'
```

下面再看一个示例:

```
class Secret:
    __name='苏小霞'

    def __secret(self):
        print("can't find")

p1=Secret()
print(p1.name)
print(Secret.name)
```

执行结果：

```
Traceback (most recent call last):
  File "F:\类定义\Secret.py", line 15, in <module>
    print(p1.name)
AttributeError: 'Secret' object has no attribute 'name'
```

在示例中，Secret 类定义了私有属性__name 和私有方法__secret，在类的外面如果访问这些私有成员会抛出属性异常 AttributeError。

是不是意味着私有成员一定不能在类的外面被访问呢？在 C、C++、C# 和 Java 等语言中，私有成员在类的外面是无法被访问到的，但 Python 语言并非那么严格，留有特殊接口访问私有成员，即通过“对象名._类名__属性名”访问到私有属性，比如以下代码可以成功地访问到私有属性__name。

```
p1=Secret ()
print(p1._Secret__name)
```

执行结果：

```
苏小霞
```

3. 通过方法访问私有成员

私有化后不能访问，类还有何用？一个常见方法就是使用方法来访问私有成员。比如，在现有 Secret 类基础上增加两个方法：一个是 get_name 方法，用于访问私有属性__name；一个是 access 方法，用于调用私有方法__secret。

```
class Secret:
    __name='苏小霞'

    def get_name(self):   #访问私有属性
        return self.__name

    def __secret(self):
        print("can't find")

    def access(self):   #访问私有方法
        self.__secret()


p1=Secret()
print(p1.get_name())
p1.access()
```

执行结果：

```
苏小霞
can't find
```

现在看第二个例子：

```
class Student:
    def __init__(self, name, ID, scores, absent):
        self.__name=str(name)    #姓名
        self.__ID=ID             #学号
        self.__scores=list(scores)  #各科成绩
        self.__absent=int(absent)   #旷课次数

    def get_ID(self):          #通过方法访问私有成员
        return self.__ID

    def get_score(self):       #通过方法访问私有成员
        return sum(self.__scores) / 3 * 0.7+(30-self.__absent * 10)

    def info_print(self):
        print("姓名:%s  学号:%s 平时成绩:%.1f" % (self.__name, self.
__ID, self.get_score()))


xs1=Student('许晓宇', 19110713, [87, 100, 92], 1)
print("学生 ID:", xs1.get_ID())
print("平时成绩:", xs1.get_score())
```

执行结果：

```
学生 ID: 19110713
平时成绩: 85.1
```

示例中，在构造函数__init__()中定义了对象的四个私有成员，通过定义 get_ID()、get_score()和 info_print()来访问对象的私有属性。

4. 通过 property 访问私有属性

使用 property 关键字可以对类成员函数进行修饰，用于创建属性并提供了一种方便的方式来访问和控制类的成员属性。使用 @property 关键字，我们可以将一般成员属性(包括私有属性)转化为 property 属性，从而在访问和修改值时执行特定的方法。

比如，对 Student 进行修改，增加@property 属性 name。

```
class Student:
    def __init__(self, name, ID, scores, absent):
        self.__name=str(name)    #姓名
        self.__ID=ID             #学号
        self.__scores=list(scores)   #各科成绩
        self.__absent=int(absent)    #旷课次数

    @property    #设置为属性
    def name(self):
        return self.__name

    #省略其他代码
```

以上代码中,在方法 name()前加上@property,表示将 name()设置为 property 属性。将一个方法设置为 property 属性后,访问该 property 属性,跟访问一般属性一样,不用加括号。比如以下代码调用 Student 类中 property 属性 name:

```
xs1=Student('许晓宇', 19110713, [87, 100, 92], 1)
print(xs1.name)
许晓宇
```

如果要修改 name 属性的值,比如运行下面代码,会抛出属性异常 AttributeError,提醒 name 没有设置功能。

```
xs1.name='陈晓宇'      #尝试修改
```

执行结果:

```
Traceback (most recent call last):
  File "F:\PythonProject\test.py", line 26, in <module>
    xs1.name='陈晓宇'
    ^^^^^^^^

AttributeError: property 'name' of 'Student' object has no setter
```

如果要修改 property 属性的值,必须为 property 属性增加 setter,语法格式为"@属性名.setter"。现在升级 Student 类,为 name 属性增加写入功能:

```
class Student:
    def __init__(self, name, ID, scores, absent):
        self.__name=str(name)    #姓名
        self.__ID=ID             #学号
        self.__scores=list(scores)   #各科成绩
        self.__absent=int(absent)    #旷课次数
```

```
    @property   #设置为属性
    def name(self):
        return self.__name

    @name.setter
    def name(self,value):   #区分:name 为属性名,__name 为成员私有变量
        self.__name=value

    #省略其他代码

xs1=Student('许晓宇', 19110713, [87, 100, 92], 1)
xs1.name='陈晓宇'
print(xs1.name)
```

执行结果:

陈晓宇

6.1.4 任务实现

根据任务分析和所学知识,可参考以下思路编写代码:

(1)定义商品类,封装商品名 name、商品原价 price 及折扣 discount。设置商品原价和折扣为私有成员。

(2)在类中设置商品折扣的方法 set_discount。对折扣值进行判断,如果小于 0 或者大于 1,则不予设置。

(3)在类中添加 property 属性 actual_price,用于计算并返回商品价格。商品价格为原价与折扣的乘积。

根据以上思路,编写如下代码:

```
class Goods:

    def __init__(self, name, price, discount):
        self.name=name
        self.__price=price
        self.__discount=discount

    def set_discount(self, value):
        if value < 0 or value > 1.0:
            print("输入的折扣不合理,设置失败!")
```

```
        else:
            self.__discount=value

    @property
    def actual_price(self):
        return self.__price * self.__discount

iphone=Goods('Huawei', 5999, 0.9)
iphone.actual_price=7000   # 折扣修改
print(iphone.actual_price)
iphone.discount=0.3
print(iphone.discount)
```

小结

本任务主要介绍面向对象的编程方法,其核心内容是类和对象。其中类(class)用来描述具有相同的属性和方法的对象的集合。它定义了该集合中每个对象所共有的属性和方法。而对象则是类的实例化,一个类可以对应许多对象,而这些对象都具有相似的属性与方法。具体的编程知识如下:

(1)类具有属性与方法两种内部元素,分别对应变量与函数两种基础概念,在类定义后以缩进的方式控制从属关系。

(2)类的方法中有一类特殊方法,称为构造函数,其命名必须为__init__,其调用时机为实例化对象创建时,所以主要用于对象的初始化。使用构造函数即可创建类的对象,语法为 value=class_Name([变量1,变量2,…])。

(3)对于需要隐藏的属性,可以使用双下划线开头的变量命名,对私有成员,修改方法可以使用成员函数访问修改,提高程序的可维护性。

(4)对于一些无须修改成员属性的访问型方法,可以使用@property 装饰器,将其变为类似于成员变量的访问方式。

实训:面向对象的数据管理系统

1. 实训目标

创建一个类,用于管理学生成绩信息,属性包括姓名、课程名、成绩,方法包括信息的显示及增删改查。

2. 需求说明

程序运行之后,显示如下用户接口,并完成相关代码的编写。

===学生信息管理系统===
1. 添加学生信息
2. 显示所有学生信息
3. 查询学生信息
4. 修改学生信息
5. 删除学生信息
6. 退出系统

3. 实训步骤

(1)创建一个 Student 类,包含姓名、课程名和成绩等属性,并实现相应的构造方法。

(2)实现添加学生信息功能:

• 创建一个空列表用于存储学生信息。

• 提示用户输入学生姓名、课程名和成绩。

• 创建一个 Student 对象,将用户输入的信息作为参数进行实例化,并将实例化后的对象添加到学生信息列表中。

(3)实现显示所有学生信息功能:

• 对学生信息列表按照姓名进行排序。

• 遍历学生信息列表,输出每个学生的姓名、课程名和成绩。

(4)实现查询学生信息功能:

• 提示用户输入要查询的学生姓名。

• 遍历学生信息列表,查找姓名匹配的学生对象。

• 如果找到匹配的学生对象,输出该学生的姓名、课程名和成绩。

• 如果未找到匹配的学生对象,输出提示信息。

(5)实现修改学生信息功能:

• 提示用户输入要修改的学生姓名。

• 遍历学生信息列表,查找姓名匹配的学生对象。

• 如果找到匹配的学生对象,提示用户输入要修改的课程名和成绩。

• 输入完成后,更新学生对象的课程名和成绩属性。

• 如果未找到匹配的学生对象,输出提示信息。

(6)实现删除学生信息功能:

• 提示用户输入要删除的学生姓名。

• 遍历学生信息列表,查找姓名匹配的学生对象。

• 如果找到匹配的学生对象,从学生信息列表中移除该学生对象。

• 如果未找到匹配的学生对象,输出提示信息。

(7)实现退出系统功能。

习题

一、选择题

1. 在 Python 中,类的一个实例被称为(　　)。

A. 类方法　　B. 对象　　C. 实现　　D. 属性

2. 下面关键字用于定义一个类的是(　　)。

A. class　　B. def　　C. if　　D. for

3. 在类的实例被创建时自动调用的方法是(　　)。

A. __init__　　B. __main__

C. __setup__　　D. __create__

4. 下面关键字用于引用当前对象的实例的是(　　)。

A. this　　B. me　　C. self　　D. current

5. 下面操作符用于访问对象的属性或调用对象的方法的是(　　)。

A. :　　B. -　　C. ::　　D. .

6. 在 Python 中,可以使用下划线开头的方法来表示(　　)。

A. 私有方法　　B. 公有方法　　C. 静态方法　　D. 类方法

7. 构造函数的作用是(　　)。

A. 根据输入的条件进行判断,并执行后续的语句

B. 重复地执行某个过程

C. 调用类的初始化方法来初始化对象

D. 在内存中为类创建一个对象

8. 关于构造函数,下列说法不正确的是(　　)。

A. 一个类中有且仅有一个构造函数

B. 构造函数在说明类变量时被自动执行

C. 构造函数没有返回值类型

D. 类中的构造函数的函数名与该类的类名必须同名

9. Python 定义私有变量的方法为(　　)。

A. 使用 __private 关键字　　B. 使用 public 关键字

C. 使用 DEF 定义变量名　　D. 使用 __XX 定义变量名

10. 关于类和对象的关系,下列描述正确的是(　　)。

A. 类是面向对象的核心

B. 类是现实中事物的个体

C. 对象是根据类创建的,并且一个类只能对应一个对象

D. 对象描述的是现实的个体,它是类的实例

二、判断题

1. Python 中类是一种特殊的对象。(　　)

2. 类可以直接被调用和实例化。(　　)

3. 对象是类的实例。(　　)

4. 类可以具有多个实例。(　　)

5. 成员变量是每个对象都拥有的独立变量。(　　)

6. 在 Python 中定义类时,如果某个成员名称前有 2 个下划线则表示是私有成员。(　　)

7. Python 中一切内容都可以称为对象。(　　)

8. 定义类时所有实例方法的第一个参数用来表示对象本身,在类的外部通过对象名来调用实例方法时不需要为该参数传值。(　　)

9. 对于 Python 类中的私有成员,可通过"对象名._类名__私有成员名"的方式来访问。(　　)

10. 创建类的对象时,系统会自动调用构造方法进行初始化。(　　)

三、编程题

1. 编写一个名为 Car 的类,包含一个名为 speed 的属性和一个名为 accelerate 的方法。accelerate 方法将 speed 属性增加 10,并打印输出加速后的速度。初始化时,speed 属性的初始值为 0。

2. 编写一个名为 Rectangle 的类,包含两个属性 length 和 width,以及一个计算矩形面积的方法 calculate_area。初始化时,length 和 width 的初始值都为 0。calculate_area 方法将计算并返回矩形的面积。

任务 6.2　创建继承类

任务描述

使用类与对象方法,利用继承及多态机制,提高代码复用与编程效率。编写学校成员类及其教师类和学生类等两个子类,最后完成学校成员信息管理与上课功能的多态实现。

任务分析

(1)定义学校成员类。

(2)在学校成员类的基础上,定义教师类。

(3)在学校成员类的基础上,定义学生类。

(4)对于上课行为,实现教师与学生的成员函数多态化。

6.2.1　继承

1. 继承方法

继承是一种创建新的类的方式,可以减少代码冗余、提高重用性。其实现语法如下:

```
class 派生类名(基类名):
```

在继承关系中，已有的、设计好的类称为父类或基类，新设计的类称为子类或派生类。派生类可以继承父类的公有成员，但是不能继承其私有成员。

以学生是人的子类为例，编写以下代码：

```
class Person:
    def __init__(self, name, age, sex):
        self.name=name
        self.age=age
        self.sex=sex
    def eat(self):
        print("%s 正在吃饭" % self.name)


class Student(Person):
    def __init__(self, name, age, sex, score):
        # 调用基类 Person 的构造函数
        Person.__init__(self, name, age, sex)
        self.score=score


    def study(self):
        self.eat()
        print("%s 在学习,考了 %d 分" % (self.name, self.score))
```

实例化一个学生对象，可以调用子类的方法，也可以直接调用父类的方法：

```
stu=Student("王子欣", 19, "女", 90)
stu.study()
```

执行结果：

```
王子欣正在吃饭
王子欣在学习,考了 90 分
```

在 Python 中，继承具有以下特点：

(1)在继承中基类的构造函数__init()不会被自动调用，它需要在其派生类的构造中专门调用。

(2)如果需要在派生类中调用基类的方法，可以使用“基类名.方法名()”方法来实现，需要加上基类的类名前缀，且需要带上 self 参数变量，区别于在类中调用普通函数时并不需要带上 self 参数。也可以使用内置函数 super()实现这一目的。

2. 重写 object 对象中的成员

在 Python 中，object 类是所有类的基类，在定义新类时，默认继承 object 类。因此，所有类都继承 object 定义的公共方法，可以在新类中对这些方法进行重写。比如在上述 Student 中重写 object 类中的__str__()和__lt_()：

```
    #重写方法。使用 print 语句输出对象时,会自动调用该方法
    def __str__(self):
            return "姓名:{0},年龄:{1},性别:{2},成绩{3}"\
                .format(self.name ,self.age ,self.sex ,self.score)

    def __lt__(self, other):     #重写方法。两对象对比大小时,会自动调用该函数
            return self.age <other.age     #根据年龄比较
```

将以上两个方法添加到 Student 类中。其中:__str__()将对象各个属性写在一个字符串中,当使用 print 语句输出 Student 对象时,就会自动调用__str__();__lt__()将重写运算符<,当使用两个 Student 对象比较大小时,会自动调用__lt__()。

比如以下代码:

```
list1=[]
stu1=Student("童子祺", 21, "男", 94)
stu2=Student("李羽雯", 23, "女", 75)
stu3=Student("商宝馨", 19, "女", 91)
list1.append(stu1)
list1.append(stu2)
list1.append(stu3)
list1.sort()    #排序
for student in list1:
print(student)
```

执行结果:

```
姓名:商宝馨,年龄:19,性别:女,成绩 91
姓名:童子祺,年龄:21,性别:男,成绩 94
姓名:李羽雯,年龄:23,性别:女,成绩 75
```

3. 多继承

Python 允许多继承,即一个子类继承自多个父类,可同时继承父类的公共属性和方法。比如以下代码:

```
class A:
    def printA(self):
        print('————A————')

class B:
    def printB(self):
```

```
        print('————B————')

class C(A, B):
    def printC(self):
        print('————C————')
obj_C=C()
obj_C.printA()
obj_C.printB()
obj_C.printC()
```

执行结果：

```
————A————
————B————
————C————
```

上述代码中，定义了A、B和C三个类，其中C类继承自A类和B类，那么C类对象可以同时继承A类和B类定义的公共方法。

6.2.2 多态

多态(polymorphism)是指同一个方法调用，由于对象不同可能会产生不同的行为。使用多态，能够同样地对待不同类型和类的对象，即无须知道对象属于哪个类就可调用其方法，让操作的行为随对象所属的类而变化。

多态是随着继承而产生的一种特性，以Man类吃饭为例：

```
class Man:
    def eat(self):
        print("饿了,吃饭了")
class Chinese(Man):
    def eat(self):
        print("中国人用筷子吃饭")
class English(Man):
    def eat(self):
        print("英国人用刀叉吃饭")
class Indian(Man):
    def eat(self):
        print("印度人用右手吃饭")
```

以上代码，首先定义了Man类，然后定义了三个Man的派生类，分别为Chinese类、English类和Indian类，在派生类中重写了基类的eat方法，这使得三个派生类的eat方法各有不同，从而体现了类的多态性质。

为了测试代码，接着定义一个独立的测试函数manEat：

```
def manEat(m):
    if isinstance(m, Man):
        m.eat()
    else:
        print("不能吃饭")
```

在上述代码中，isinstance为内置函数，输入参数有两个，第一个参数为对象，第二个参数为类名，函数功能是判断某个对象是否属于某个类，如果是则返回True，否则返回False。上述代码中，首先判断对象m是否属于Man类，如果是则调用m对象的eat()，否则输出“不能吃饭”。

现在对以上代码进行测试。

```
#父类实例化
Person=Man()
manEat(Person)

#子类实例化
manEat(Chinese())
manEat(English())
```

运行结果：

```
饿了，吃饭了
中国人用筷子吃饭
英国人用刀叉吃饭
```

因此，一个子类继承了一个父类，但是它又改写了它父类的方法，在调用这个方法时，就会因为实例对象的不同而调用的方法不同，也就是说，看这个实例对象实例化时是用父类实例化的，还是用子类实例化的。如果是用父类实例化的，结果就是父类的方法；如果是用子类实例化的，结果就是子类的方法。

现在再看一个多态例子：

```
class Hamburger:
    def make(self):
        print("您没有正确选择要制作的汉堡，请重新输入")


class FishHamburger(Hamburger):
    def make(self):
        print("您的鱼肉汉堡已经制作好了")
class BeafHamburger(Hamburger):
    def make(self):
```

```
        print("您的牛肉汉堡已经制作好了")

class ChickenHamburger(Hamburger):
    def make(self):
        print("您的鸡肉汉堡已经制作好了")

#工厂类,用来判断用户输入的值并创建相应的对象
class HamburgerFactory:
    @classmethod    #定义类的方法,说明该方法属于类,只能被类调用
    def getinput(cls, temp):
        if temp== "1":
            ch=FishHamburger()
        elif temp== "2":
            ch=BeafHamburger()
        elif temp== "3":
            ch=ChickenHamburger()
        else:
            ch=Hamburger()
        return ch

#主方法,通过用户输入的值调用工厂类的方法
while True:
    temp=input("请输入您要制作汉堡的序号:1.鱼肉汉堡,2.牛肉汉堡,3.鸡肉汉堡:")
    if temp== "1" or temp== "2" or temp== "3":
        ch=HamburgerFactory.getinput(temp)
        ch.make()
        break
    else:
        ch=Hamburger()
        ch.make()
```

运行结果:

```
请输入您要制作汉堡的序号:1.鱼肉汉堡,2.牛肉汉堡,3.鸡肉汉堡:4
您没有正确选择要制作的汉堡,请重新输入
请输入您要制作汉堡的序号:1.鱼肉汉堡,2.牛肉汉堡,3.鸡肉汉堡:1
您的鱼肉汉堡已经制作好了
```

最后,需要注意以下两点。

(1)多态是方法的多态,属性没有多态。

(2)多态的存在有两个必要条件:继承、方法重写。

6.2.3 任务实现

根据任务分析,可以按以下思路完成学校成员类及其继承类的编写:

(1)定义学校成员类 SchoolMember,包含类成员总学费和总人数,对象成员包括姓名、年龄,成员方法有 roll、tell 等;

(2)定义教师类 Teacher,继承自 SchoolMember,包含 teaching 方法;

(3)定义学生类 Student,继承自 SchoolMember。

参考代码如下:

```
class SchoolMember(object):  #定义学校成员类
    member_count=0      #默认成员为0个
    tuition_amount=0    #默认学费为0元

    def __init__(self, name, age, sex):  #构造函数,定义父类的属性
        self.name=name
        self.age=age
        self.sex=sex
        self.enroll()  #调用注册的函数

    def enroll(self):
        '''注册'''
        print("%s 刚注册成为学校成员" % self.name)
        #每注册一名成员,成员数量加1
        SchoolMember.member_count += 1

    def tell(self):  #用来获取成员的属性
        print("-----%s 信息:----" % self.name)
        #用字典的形式来获取成员的属性
        for k, v in self.__dict__.items():
            print("\t", k, v)
        print()

    def print_tuition_amout():
        print("总学费:%f" % SchoolMember.tuition_amount)
```

```
    def print_member_count():
        print("总学费:%f" % SchoolMember. member_count)

class Teacher(SchoolMember):  #定义一个老师类,并且继承自学校成员类
    def __init__(self, name, age, sex, salary, course):
        SchoolMember. __init__(self, name, age, sex)  #继承父类
        self. salary=salary
        self. course=course

    def teaching(self):
        print("这个老师是%s,他上的课程是%s" % (self. name, self.
course))

class Student(SchoolMember):  #定义一个学生类,继承自父类学校成员类
    def __init__(self, name, age, sex, course, tuition):
        SchoolMember. __init__(self, name, age, sex)
        self. course=course
        self. tuition=tuition
        SchoolMember. tuition_amount += tuition
```

完成后可以用如下代码测试:

```
t1=Teacher("陈老师", 54, "男", 4500, "大学英语")
s1=Student("孙晓明", 24, "女", "Python", 6500)
s2=Student("王丽", 23, "女", "测量基础", 11000)
t1. teaching()
t1. tell()    #输出学生 t1 的信息
s1. tell()    #输出学生 s1 的信息
SchoolMember. print_tuition_amout()    #输出总学费
SchoolMember. print_member_count()    #输出总人数
```

运行结果:

```
陈老师 刚注册成为学校成员
孙晓明 刚注册成为学校成员
王丽 刚注册成为学校成员
这个老师是陈老师,他上的课程是大学英语
-----陈老师信息:----
    name 陈老师
    age 54
```

```
    sex 男
    salary 4500
    course 大学英语

-----孙晓明信息:-----
    name 孙晓明
    age 24
    sex 女
    course Python
    tuition 6500

总学费:17500.000000
总人数:3
```

小结

本任务我们学习了继承和多态两个重要的面向对象编程概念。

(1)继承。继承是一种机制,它允许我们在已存在的类的基础上创建新的类,并且新的类会自动继承基类的属性和方法。这使得代码重用和扩展变得更加容易。我们可以使用继承来构建类的层次结构,其中派生类可以继承一个或多个基类的特性。

(2)多态性。多态性是指同一种操作可以在不同的对象类型上产生不同的行为。多态性允许我们使用一个通用的接口来操作各种不同类型的对象,这样代码会更加灵活和可扩展。通过多态性,我们可以编写更通用和可重用的代码,同时提高代码的可读性和可维护性。

在 Python 中,继承和多态性是通过类之间的关系来实现的。我们可以创建从父类继承属性和方法的子类,并且可以在子类中重写父类的方法以实现不同的行为。这样,我们可以基于类的层次结构创建具有不同行为的对象,而且可以对这些对象使用统一的接口进行操作,从而实现多态性。

继承和多态性在面向对象编程中非常重要,它们提供了更强大和灵活的工具来组织和设计代码。在实际应用中,理解和灵活运用继承和多态性将使我们编写更高效、优雅和可拓展的 Python 程序。

实训:面向对象的数据管理系统

1. 实训目标

(1)创建学校成员类,用于模拟管理学校成员信息,属性包括学校成员个数、总学费,对象成员属性包括姓名、年龄、性别,方法包括注册、信息展示等。

(2)创建学校成员类的子类教师类,包含授课方法。

(3)创建学校成员类的子类学生类,包含课程、学费属性。

2. 需求说明

程序运行之后，手动添加若干学生及教师，试用各类成员函数。

3. 实训步骤

(1)定义学校成员类 SchoolMember，包含类成员总学费和总人数，对象成员包括姓名、年龄、性别；成员方法有 roll、tell 等。

(2)定义教师类 Teacher，继承自 SchoolMember，包含 teaching 方法。

(3)定义学生类 Student，继承自 SchoolMember。

习题

一、选择题

1. 在 Python 中，继承的主要作用是实现(　　)功能。

A. 代码重用性　　B. 多态性

C. 封装性　　D. 密封性

2. 在 Python 中，使用(　　)关键字来实现继承。

A. inherit　　B. extends

C. super　　D. class

3. 多态性指的是(　　)。

A. 子类可以继承父类的属性和方法

B. 同一个函数可以根据不同的对象调用出不同的行为

C. 子类可以将属性和方法继承给其他子类

D. 子类可以隐藏父类的属性和方法

4. 下述(　　)选项描述了正确的继承语法。

A. class Subclass(父类)：

B. class Subclass(父类，Superclass)：

C. class Superclass(父类)：

D. class 父类(Subclass)：

5. 下述(　　)选项描述了正确的方法重写语法。

A. def override method()：

B. def method override()：

C. def method(self)：

D. def new method()：

6. 关于面向对象的继承，以下选项中描述正确的是(　　)。

A. 继承是指一组对象所具有的相似性质

B. 继承是指类之间共享属性和操作的机制

C. 继承是指各对象之间的共同性质

D. 继承是指一个对象具有另一个对象的性质

二、判断题

1. 继承是面向对象编程的三大特性之一。(　　)

2. 子类可以访问父类的私有属性和方法。(　　)

3. 多态性是指一个对象可以同时属于多种不同的类型。(　　)

4. 在 Python 中,类可以继承多个子类。(　　)

5. 多态性可以提高代码的可维护性和可扩展性。(　　)

6. Python 类的构造函数是__init__()。(　　)

三、编程题

1. 编写一个父类 Animal,包含一个名为 make_sound 的方法,该方法打印出"Animal makes a sound"。编写两个子类 Dog 和 Cat,并且分别重写 make_sound 方法,让 Dog 的 make_sound 方法打印出"Dog barks",Cat 的 make_sound 方法打印出"Cat meows"。创建一个 Dog 对象和一个 Cat 对象,并调用它们的 make_sound 方法。

2. 编写一个父类 Shape,包含一个名为 area 的方法,该方法返回 0。编写两个子类 Circle 和 Rectangle,分别重写 area 方法,让 Circle 的 area 方法返回圆的面积(π * r^2),Rectangle 的 area 方法返回矩形的面积(length * width)。创建一个 Circle 对象和一个 Rectangle 对象,并调用它们的 area 方法。

项目 7 文件读写

项目描述

文件读写是程序设计的基本操作。本项目主要介绍如何读取文件,并保存文件。除了介绍一般文本的读写,还介绍 CSV 文件的操作。

学习目标

(1)掌握一般文本文件的读写操作。

(2)能够读写 CSV 文件,提高编程效率。

素质目标

(1)培养创新意识与创新精神,具有科学态度和批判精神。

(2)培养主人翁意识、精益求精精神,具备团队协作素养。

任务7.1 用户注册和登录

任务描述

在变量、序列和对象中存储的数据是暂时的，程序结束后就会丢失。为能长时间地保存程序中的数据，需要将程序中的数据保存到磁盘文件中。这意味着文件在应用程序中有着极其重要的作用。

本任务模仿用户注册和登录的过程，将注册的账号和密码添加到文件中，然后在登录时读取该文件，判断登录时输入的账号和密码是否正确。

任务分析

(1)定义用户界面函数 display_menu()。程序运行后，进入用户界面，允许用户选择注册、登录或者退出。

(2)定义注册函数 register()。功能：首先从文件 user.txt 中读取账号、密码信息到列表 userlist 和 pwdlist 中；如果用户输入的用户名存在于 userlist，则提醒用户，否则将账号、密码添加到 user.txt。

(3)定义登录函数 login()。功能：首先从文件 user.txt 中读取账号、密码信息到列表 userlist 和 pwdlist 中；如果用户输入的用户名和密码分别存在于 userlist、pwdlist，则进入登录界面。

(4)设计主程序，调用以上程序。允许用户重复操作，直到用户选择退出。

7.1.1 文件打开与关闭

读写文件(IO 操作)是最常见的程序功能。在磁盘上读写文件的功能都是由操作系统提供的，现代操作系统不允许普通的程序直接操作磁盘，因此读写文件就是请求操作系统打开一个文件对象(通常称为文件描述符)，然后通过操作系统提供的接口从这个文件对象中读取数据(读文件)，或者把数据写入这个文件对象(写文件)。

在 Python 中，打开一个文件对象时，可使用 Python 内置的 open()函数，其语法格式为：

```
file = open(filename, mode);
```

其中，filename 为文件名；mode 为打开模式，包含以下模式。

(1)w：只能操作写入(首位写入，若无文件，则按路径新建文件)。

(2)r：只能读取(如果文件不存在，则抛出错误)。

(3)a：向文件末尾追加数据(如果文件不存在，则自动创建文件)。

(4)w+：可读可写(若已有数据，擦掉首位写入)。

(5)‘r+：可读可写。

(6)a+：可读可追加(若已有数据，保留原数据，末尾追加写入)。

(7)wb+：写入二进制数据。

比如，以下代码打开文本文件，该文件路径名为：d:\abc\test.txt。

```
file=open("d:\\abc\\test.txt", "r")
```

注意以上文件名中出现斜杆，表示为字符串时，需要用两个斜杆来表示。该文件名包含盘符，为绝对路径，如果不包含盘符则为相对路径。比如，如果在当前程序所在目录下存在文件 file1.txt，则可以使用以下代码打开该文件：

```
file=open("file1.txt", "r")
```

需要注意的是，在以读取模式打开文件时，如果指定的文件不存在，则会抛出 FileNotFoundError 的错误，提醒要打开的文件不存在。

另外，打开文件时，可以使用 open()函数中的 encoding 参数指定文件的编码方式。

```
file=open("test.txt", "r",encoding="gbk")
```

一般而言，文件打开方式选用的编码必须与文件写入的编码保持一致，否则抛出异常。目前常见中文编码方式有 gbk、utf-8 和 gb2312。其中 utf-8 编码是一种 Unicode 编码的实现方式，它可以表示所有 Unicode 字符，包括国际上的各种语言和符号，当然也包括中文；而 gbk 编码是一种用于中文的字符编码，它可以表示中文字符、标点符号等。

文件打开和使用完毕后必须关闭文件。因为文件对象会占用操作系统的资源，并且操作系统同一时间能打开的文件数量也是有限的。更重要的是，如果是以写文件方式打开的，只有成功关闭，才能将要写入的内容写入文件中。以下代码关闭文件：

```
file.close()
```

由于文件读写时都有可能产生 IOError，一旦出错，后面的 f.close()就不会调用。为了不管是否出错都能正确地关闭文件，可以使用 try…finally 来实现：

```
try:
    f=open('/path……/file', 'r')
    print(f.read())    #read()读取文件内容
finally:
    if f:
        f.close()
```

这种方式比较复杂，远不如使用 with 语句：

```
with open('/path……/file', 'r') as file:
    print(file.read())
```

当程序跳出 with 语句之后，程序会自动关闭文件，因此这里不用显式关闭文件。因此，使用 with 语句打开文件，除了简便，还更加安全。

7.1.2 读取文件内容

1.read()方法

可以使用 read()方法读取文件的内容，语法格式如下：

```
file.read([size])
```

其中，size 为要读取的字符数量，如果省略该参数，则意味着读取文件剩余内容。

现在测试一下。假设工作目录中存在文件，其内容如图 7-1 所示。

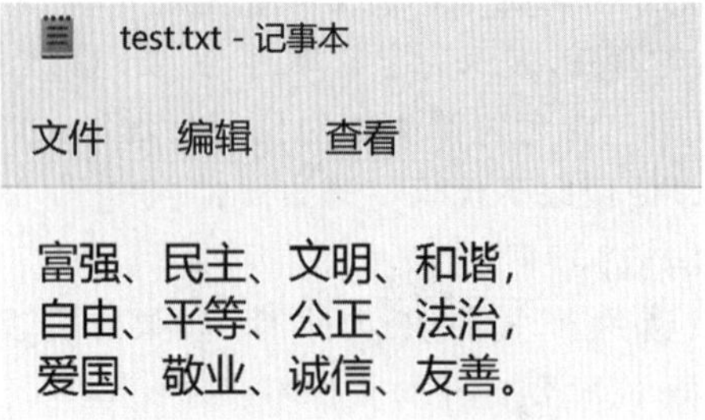

test.txt - 记事本

文件　编辑　查看

富强、民主、文明、和谐，
自由、平等、公正、法治，
爱国、敬业、诚信、友善。

图 7-1　test. txt 文件内容

调用 read()方法可以一次读取文件的全部内容，Python 把内容读到一个字符串变量中。

```
f=open('test.txt','r')
print(f.read())   #读取所有内容
f.close()
```

执行结果：

```
富强、民主、文明、和谐，
自由、平等、公正、法治，
爱国、敬业、诚信、友善。
```

如给 read()函数传入一个数值，可以读取指定长度的文本：

```
f=open('test.txt','r')
print(f.read(11))    #读取 11 个字符
f.close()
```

执行结果：

```
富强、民主、文明、和谐
```

当需要定位文件位置时，可以使用 seek 方法，语法格式：

```
file.seek(offset,[wherece])
```

其中：offset 用于指定移动的字节个数；wherece 用于指定从什么位置开始计算，0=文件开头，1=当前位置，2=文件末尾。例如：

```
f=open('test.txt','r',encoding='gbk')
f.seek(24)      #文件位置向前移动 24 个字节
text=f.read()
print(text)
f.close()
```

执行结果：

```
自由、平等、公正、法治，
爱国、敬业、诚信、友善。
```

以上用 gbk 编码打开文件。对于 gbk 编码，一个汉字和符号一般占 2 个字节，因此第二行语句中的 24 单位为字节，移动 24 个字节，相当于移动 12 个汉字或者符号。

接着，看以下代码：

```
f=open('test.txt','r',encoding='gbk')
f.seek(24)
text=f.read(12)
print(text)
f.close()
```

执行结果：

```
自由、平等、公正、法治，
```

以上代码，打开文件后，将文件位置向前移动 24 个字节，然后调用 size(12)读取 12 个字符，因此输出内容为“自由、平等、公正、法治，”。

2. readline()方法

调用 read()会一次性读取文件的全部内容，如果文件占用内存量过大，则可以使用 readline()、readlines()方法，其中调用 readline()可以每次读取一行内容。

假设工作目录中存在文件“沁园春.txt”，其内容如图 7-2 所示。

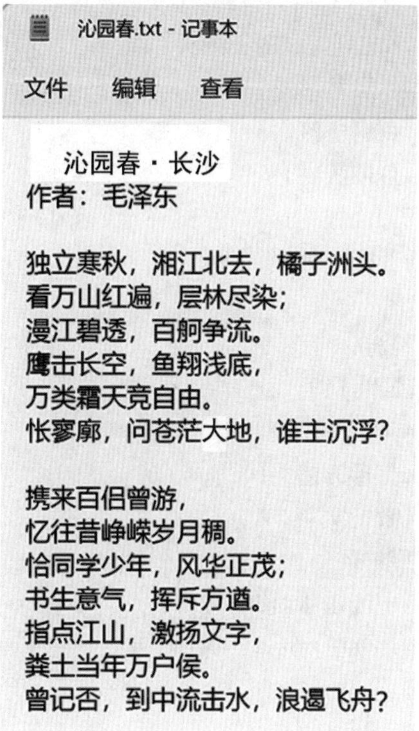

沁园春.txt - 记事本

文件 编辑 查看

沁园春 · 长沙
作者：毛泽东

独立寒秋，湘江北去，橘子洲头。
看万山红遍，层林尽染；
漫江碧透，百舸争流。
鹰击长空，鱼翔浅底，
万类霜天竞自由。
怅寥廓，问苍茫大地，谁主沉浮？

携来百侣曾游，
忆往昔峥嵘岁月稠。
恰同学少年，风华正茂；
书生意气，挥斥方遒。
指点江山，激扬文字，
粪土当年万户侯。
曾记否，到中流击水，浪遏飞舟？

图 7-2　沁园春.txt 文件内容

使用 readline()方法读取该文件每一行内容,并输出。输出时,每一行前加行号。代码如下:

```
print("\n", "=" * 9, "毛泽东诗词鉴赏", "=" *9, "\n")
with open('沁园春.txt', 'r') as file:
    number=0   #记录行号
    while True:
        number += 1
        line=file.readline()
        if line== '':
            break   #跳出循环
        print(number, line, end="")
print("\n", "=" * 13, "结束", "=" * 13, "\n")
```

执行结果:

```
==========毛泽东诗词鉴赏==========

1           沁园春·长沙
2         作者:毛泽东
3
4     独立寒秋,湘江北去,橘子洲头。
5     看万山红遍,层林尽染;
6     漫江碧透,百舸争流。
7     鹰击长空,鱼翔浅底,
8     万类霜天竞自由。
9     怅寥廓,问苍茫大地,谁主沉浮?
10
11    携来百侣曾游,
12    忆往昔峥嵘岁月稠。
13    恰同学少年,风华正茂;
14    书生意气,挥斥方遒。
15    指点江山,激扬文字,
16    粪土当年万户侯。
17    曾记否,到中流击水,浪遏飞舟?
==============结束==============
```

3. readlines()方法

readline()方法每次只能读取一行,如果需要读取所有行,则需要使用 readlines()。调用 readlines()一次读取所有内容并按行返回一个列表。

以下代码使用 readlines()方法,实现对"沁园春. txt"文件的读取,输出结果与上面一样。

```
print("\n", "=" * 9, "毛泽东诗词鉴赏", "=" * 9, "\n")
with open('沁园春.txt', 'r') as file:
    lines=file.readlines()
    for index, line in enumerate(lines):
        print(index+1, line, end="")   #输出一行内容
print("\n", "=" * 13, "结束", "=" * 13, "\n")
```

7.1.3 文件写入

调用 write()方法可以向文件中写入内容,语法格式为:

```
file.write( [ str ])
```

其中,str 为要写入的字符串。在文件关闭前,字符串内容存储在缓冲区中,当缓冲区满之后,才导入文件。因此,如果忘记关闭文件,写到文件中的内容可能不全。

要在文件中写入内容,其前提是打开文件时,指定的打开模式为 w(可写)或者 a(追加),否则将抛出异常。

【例 1】 将"寻真求是,格物致知"写入文件,再读取该文件,输出文件内容。

```
file=open('校训.txt', 'w+')
file.write('\n 寻真求是,格物致知')
file=open('校训.txt', 'r')
print(file.read())
file.close()
```

执行结果:

```
寻真求是,格物致知
```

【例 2】 将输入的学生信息保存在文件中。

```
id=input("请输入你的学号:")
name=input("请输入你的姓名:")
english=int(input("请输入你的英语成绩:"))
math=int(input("请输入你的高等数学成绩:"))
law=int(input("请输入你的法律基础成绩:"))
with open("input.txt",'w') as file:
    file.write("学号: %s\n" % id)
    file.write("姓名: %s\n" % name)
    file.write("成绩:英语 %d, 高等数学 %d, 法律基础 %d\n" % (english,
math,law))
```

执行结果：

```
请输入你的学号:0001
请输入你的姓名:孙晓明
请输入你的英语成绩:90
请输入你的高等数学成绩:95
请输入你的法律基础成绩:92
```

执行完毕后，在工作目录中生成文件 input. txt，其内容如下：

```
学号: 0001
姓名:孙晓明
成绩:英语 90, 高等数学 95, 法律基础 92
```

7.1.4 任务实现

根据任务分析与文件读写理论知识，可以按以下方法编写代码：

(1)定义用户界面函数 display_menu()。程序运行后，进入用户界面，允许用户选择注册、登录或者退出。

(2)定义注册函数 register()。

(3)定义登录函数 login()。

(4)设计主程序，调用以上程序。允许用户重复操作，直到用户单击退出。

参考代码：

```
def display_menu():
    """用户界面"""
    print("欢迎访问,请选择操作:")
    print("1.用户注册")
    print("2.用户登录")
    print("3.退出操作")


def read_user_and_password(userlist, pwdlist):
    """读取用户名和密码列表"""
    userlist.clear()   #存放所有的用户名
    pwdlist.clear()   #存放所有的用户密码
    with open('user.txt', 'r', encoding='utf-8') as fp:
        lines=fp.readlines()
        for i in lines:
            r=i.strip()
            arr=r.split(':')
            userlist.append(arr[0])
```

```
            pwdlist.append(arr[1])

def register():
    """注册"""
    userlist=[]  #存放所有的用户名
    pwdlist=[]  #存放所有的用户密码
    read_user_and_password(userlist, pwdlist)

    while True:
        #用户输入用户名
        username=input('欢迎注册,请输入用户名:')
        if username in userlist:
            print("当前用户名已经存在,请重新注册")
            continue
        #输入密码
        pwd=input('请输入密码:')
        #将用户名和密码写入文件
        with open('./user.txt', 'a+', encoding='utf-8') as fp:
            fp.write("%s:%s\n" %(username, pwd))
        print('注册成功!')
        break

def login():
    """登录"""
    userlist=[]  #存放所有的用户名
    pwdlist=[]  #存放所有的用户密码
    read_user_and_password(userlist, pwdlist)

    username=input('欢迎登录,请输入您的用户名:')
    if username not in userlist:
        print('用户名错误,请重新输入')
        return

    pwd=input('请输入您的密码:')
    index=userlist.index(username)
```

```
        if pwd== pwdlist[index]:
            print('登录成功！')
        else:
            print('密码输入错误,请重新输入')

# 主程序
while True:
    display_menu()
    option=int(input("请输入序号:"))
    if option== 1:  # 用户注册
        register()
    elif option== 2:  # 用户登录
        login()
    elif option== 3:
        break
    else:
        print("你输入有误")
```

小结

本任务主要学习了以下内容：

(1) Python 提供了内置的文件对象和对文件、目录进行操作的内置模块。

(2) 以读文件的模式打开一个文件对象，使用 Python 内置的 open()函数，传入文件名和打开模式：file=open(filename,mode)。其中 mode 有：

w：只能操作写入(首位写入，若无文件，则按路径新建文件)。

r：只能读取(如果文件不存在，则抛出错误)。

a：向文件末尾追加数据(如果文件不存在，则自动创建文件)。

w+：可读可写(若已有数据，擦掉首位写入)。

r+：可读可写(若无指定文件，则抛出错误)。

a+：可读可追加(若已有数据，保留原数据，末尾追加写入)。

wb+：写入二进制数据。

(3) 打开文件后，可以使用：

read([size])：读取文件信息，读取内容长度为 size。

readline()：可以每次读取一行内容。

readlines()：一次读取所有内容并按行返回 list。

seek()：略过指定数量字符，实现用户文件定位。

(4) 使用完文件后，使用 close()函数关闭文件。打开 open()与关闭 close()必须完成闭环。

实训:通信录管理系统

1. 实训目标

(1)巩固 Python 文件读写操作的基本概念和方法。

(2)掌握文件的打开、读取、写入、关闭等基本操作。

2. 需求说明

设计一个简单的通信录管理系统,实现以下功能:

(1)用户可以选择新建通信录还是打开已有通信录。

(2)用户能够添加联系人信息(包括姓名、电话号码)。

(3)用户能够查看通信录中的所有联系人信息。

(4)用户能够根据姓名查找特定联系人的电话号码。

3. 实训步骤

(1)创建一个空的通信录文件,用于存储联系人信息。

(2)编写一个函数,实现向通信录文件中添加联系人信息的功能。

(3)编写一个函数,实现从通信录文件中读取所有联系人信息的功能。

(4)编写一个函数,实现根据姓名查找联系人电话号码的功能。

(5)编写一个主函数,实现用户交互。

(6)在主函数中加入循环,使用户可以操作多次,直到选择退出。

习题

一、选择题

1. 下列用于写入文件的文件打开模式是(　　)。

A. open()　　B. read()　　C. write()　　D. close()

2. 在 Python 中,可实现覆盖写入的文件打开模式是(　　)。

A. "r"　　B. "a"　　C. "w"　　D. "x"

3. 在读取文件时,可以使用以下(　　)方法获取整个文件到一个字符串。

A. read()　　B. readline()

C. readlines()　　D. getlines()

4. 在读取文件时,可以使用(　　)方法获取整个文件到一个 List 中。

A. read()　　B. readline()

C. readlines()　　D. getlines()

5. 在 Python 中,使用(　　)文件打开模式可实现可读可追加写入。

A. "r+"　　B. "a+"

C. "w+"　　D. "a"

6. 在读写文件之前,用于创建文件对象的函数是(　　)。

A. open　　B. create

C. file　　D. folder

7. 假设 file 是文本文件对象，下列选项中(　　)用于读取一行内容。

A. file. read()　　B. file. read(200)

C. file. readline()　　D. file. readlines()

8. 关于语句 f=open('demo. txt','r')，下列说法不正确的是(　　)。

A. demo. txt 文件必须已经存在

B. 只能从 demo. txt 文件读数据，而不能向该文件写数据

C. 只能向 demo. txt 文件写数据，而不能从该文件读数据

D. "r"方式是默认的文件打开方式

9. 下列程序的输出结果是(　　)。

```
f=open('f.txt', 'w')
f.writelines(['Python programming.'])
f.close()
f=open('f.txt', 'rb')
f.seek(10, 1)
print(f.tell())
```

A. 1　　B. 10　　C. gramming　　D. Python

10. 下列程序的输出结果是(　　)。

```
f=open('out.txt', 'w+')
f.write('Python')
f.seek(0)
c=f.read(2)
print(c)
f.close()
```

A. Pyth　　B. Python　　C. Py　　D. th

二、判断题

1. 读取文件时，使用 write()方法可以获取文件的内容。(　　)

2. 文件对象的 readline()方法用于读取整个文件的内容。(　　)

3. 使用文件对象的 close()方法关闭文件后，无法再进行读写操作。(　　)

4. 使用 open()函数打开不存在的文件时，Python 会自动创建该文件。(　　)

5. 使用 write()方法写入文件时，如果该文件不存在将会创建一个新文件。(　　)

6. 要改写现有文件，需要以"w+"模式打开文件。(　　)

7. 以读模式打开文件时，文件指针指向文件开始处。(　　)

8. 对文件进行读写操作之后必须显式关闭文件以确保所有内容都得到保存。(　　)

9. 使用 write 方法写入文件时，数据会追加到文件的末尾。(　　)

10. read 方法只能一次性读取文件中的所有数据。(　　)

三、编程题

1. 编写一个程序，向名为"test. txt"的文件中写入你的名字和学号。

2. 编写一个程序，从名为"test. txt"的文件中读取内容，并将其打印到控制台上。

任务7.2 学生成绩仿真和均值计算

任务描述

CSV文件可以存储格式化的表格数据，可以使用Excel打开，是目前一种比较通用的、相对简单的文本文件格式，被广泛使用。相比一般文本文件，它的操作更加便捷。

本任务要求先模拟几门课程的成绩，并保存为.csv文件，然后读取该文件的模拟数据，并计算成绩均值。

任务分析

(1)使用random包随机生成课程成绩，使用循环反复生成50条数据并存入.csv文件。

(2)读取.csv文件中的学生成绩，进行求均值计算。

7.2.1 将列表写入CSV文件

CSV即逗号分隔值(comma-separated values)，其文件以纯文本形式存储表格数据(数字和文本)。纯文本意味着该文件是一个字符序列，同时其也可使用Excel打开。

创建CSV文件，并在CSV文件写入列表，涉及的函数有：

(1)writer=csv.writer(file)：将一般文件打开函数open()返回的文件对象file设置为CSV写入文件，允许写入列表。CSV写入一行之后会自动添加空行，如不想添加空行，可在open()中使用newline=''。

(2)writer.writerow(list)：将一维列表list里的内容写入CSV文件中，成为CSV文件中的一行。

(3)writer.writerows(list2)：将二维列表list2里的内容写入CSV文件中。list2里有多少个元素，就写入多少行。

【例1】 将以下表格数据转化为列表，并写入文本文件。

表7-2-1 设备参数(单位略)

设备编号	温度	湿度	转速
0	31	20	1000
1	30	22	998
2	32	33	1005

为了测试CSV文件的便捷性，现在先以一般文件读写的方式来处理，代码如下：

```
#以一般文件的写入法
header=["设备编号","温度","湿度","转速"]
data=[[0,31,20,1000],
      [1,30,22,998],
      [2,32,33,1005]]
with open("new_data.csv","w",encoding="gbk") as f:
    for i in range(4):
        f.write(str(header[i]))
        f.write(",")
    f.write("\n")

    for item in data:
        for i in item:
            f.write(str(i))
            f.write(",")
        f.write("\n")      content=file.read()
```

以上代码执行后，会在工作目录中生成 new_data.csv 文件，使用 Excel 打开后，结果如图 7-3 所示。

	A	B	C	D
1	设备编号	温度	湿度	转速
2	0	31	20	1000
3	1	30	22	998
4	2	32	33	1005

图 7-3 new_data.csv 文件内容

现在以 CSV 文件操作来完成以上功能，代码如下：

```
# csv 写入列表
import csv    #需要先安装 csv

header_list=["设备编号","温度","湿度","转速"]
data_list=[[0,31,20,1000],
           [1,30,22,998],
           [2,32,33,1005]
]
```

```
with open("new_data.csv", "w", encoding="gbk", newline="") as f:
    writer=csv.writer(f)  #创建 csv 写对象
    writer.writerow(header_list)  #写入首行
    writer.writerows(data_list)  #写入多行
```

7.2.2 读取 CSV 文件中的列表

打开 CSV 文件，并读取 CSV 文件内容存入列表，涉及的函数有：

(1)reader=csv.reader(file)：file 为一般文件打开函数 open()返回的文件。函数遍历 file 文件的每一行，并将每一行返回为字符串列表。可以对 reader 进行遍历，得到每一行对应的字符串列表。

(2)next(reader)：获取当前行，以字符串列表返回。运行完毕后，文件指针指向下一行。

【例 2】 读取以上 new_data.csv 文件的内容，并输出。

代码如下：

```
import csv
with open("new_data.csv", "r", encoding="gbk", newline="") as f:
    reader=csv.reader(f)  #创建 csv 写对象
    header=next(reader)  #获取第一行，为表头
    for row in reader:
        print("{}:{}, {}:{}, {}:{}, {}:{}"
              .format(header[0], row[0],
                      header[1], row[1],
                      header[2], row[2],
                      header[3], row[3]))
```

执行结果：

```
设备编号:0, 温度:31, 湿度:20, 转速:1000
设备编号:1, 温度:30, 湿度:22, 转速:998
设备编号:2, 温度:32, 湿度:33, 转速:1005
```

7.2.3 将字典写入 CSV 文件

创建 CSV 文件，并在 CSV 文件写入字典，涉及的函数有：

(1)writer=csv.DictWriter(file,header)：file 为一般文件打开函数 open()返回的文件对象；header 为由字典组合成的列表，用于确定数据的字段名称。这里只是明确，没有写入。函数功能是将 file 设置为 CSV 写入文件，允许写入字典。CSV 写入一行之后会自动添加空行，如不想添加空行，可在 open()中使用 newline=""。

(2)writer.writeheader()：在 CSV 中写入头部信息。这里头部信息来源于上个函数的输入参数 header。

(3)writer. writerows(list):将 list 中的每个元素写成一行。list 数据类型为列表,其每个元素为字典。

【例 3】 将表 7-2-1 所示的表格数据转化为字典,并写入文本文件。

代码如下:

```
import csv
header=["设备编号","温度","湿度","转速"]
data=[{"设备编号":0,"温度":31,"湿度":20,"转速":1000},
        {"设备编号":1,"温度":30,"湿度":22,"转速":998},
        {"设备编号":2,"温度":32,"湿度":33,"转速":1005}
        ]
with open("new_data.csv","w",encoding="gbk",newline="") as f:
    writer=csv.DictWriter(f, header)  #创建 csv 写对象
    writer.writeheader()  #写入一行
    writer.writerows(data)  #写入多行
```

以上代码执行后,会在工作目录中生成相应的 CSV 文件。

7.2.4 读取 CSV 文件中的字典

打开 CSV 文件,读取 CSV 文件中的字典,涉及的函数为 reader=csv. DictReader(file),其中 file 为一般文件打开函数 open()返回的文件。函数功能是遍历 file 文件的每一行,并将每一行返回为字符串字典。可以对 reader 进行遍历,得到每一行对应的字符串字典。

【例 4】 读取 new_data. csv 的数据到字典,可使用如下代码:

```
import csv
with open("new_data.csv","r",encoding="gbk",newline="") as f:
    reader=csv.DictReader(f)  #创建 csv 写对象
    for row in reader:
        print("设备编号:{},温度:{},湿度:{},转速:{}"
            .format(row["设备编号"],row["温度"],row["湿度"],row
["转速"]))
```

执行结果:

```
设备编号:0,温度:31,湿度:20,转速:1000
设备编号:1,温度:30,湿度:22,转速:998
设备编号:2,温度:32,湿度:33,转速:1005
```

7.2.5 任务实现

根据任务分析,可以参考以下思路完成成绩仿真和均值计算:

(1)使用 random 模块随机生成三门课程的成绩,成绩范围在 60 分至 100 分之间,成

绩存放列表 data。

(2)创建写入 CSV 文件,使用 CSV 文件的 writerow 函数写入由课程名称组成的列表,然后用 writerows 函数写入列表 data 数据。

(3)打开 CSV 文件,读取其中的学生成绩,计算均值并输出。

根据以上分析,可以按以下方法编写代码实现:

参考代码:

```
import random
import csv

def random_create_csv_file():
    """
    随机产生成绩,并保存为 CSV 文件
    """
    data=[]
    for i in range(1, 51):
        id=i
        score1=random.randint(60, 100)
        score2=random.randint(60, 100)
        score3=random.randint(60, 100)
        data.append([id, score1, score2, score3])
        with open("成绩单.csv", "w", encoding="utf-8", newline="")
as f:
            writer=csv.writer(f)
            header=['学号', '测量基础', '无人机', 'GIS']
            writer.writerow(header)  #写入一行数据
            writer.writerows(data)  #写入多行数据

def read_csv_file_and_statics(): #读 csv 数据
    with open("成绩单.csv", "r", encoding="utf-8", newline="") as f:
        reader=csv.reader(f)
        header=next(reader)  #读取第一行
        data=[]
        for line in reader:
            #把 line 列表的元素从字符串转化为实数
            linedata=[]
```

```
            for item in line:
                linedata.append(float(item))
            data.append(linedata)

        #统计分析,计算各科平均分
        mean1=mean2=mean3=0
        for item in data:
            mean1 += item[1]
            mean2 += item[2]
            mean3 += item[3]
        mean1 /= len(data)
        mean2 /= len(data)
        mean3 /= len(data)
        print("各科平均成绩:%s %.1f; %s %.1f; %s %.1f" % (header[1],
    mean1,header[2], mean2,header[3], mean3))

    random_create_csv_file()
    read_csv_file_and_statics()
```

小结

本任务主要学习了以下内容:

(1)CSV 是一种常见的文本格式,用于存储和交换表格数据。Python 提供了许多用于读取和写入 CSV 文件的库,使得处理和分析数据变得非常方便。

(2)在 Python 中,我们可以使用内置的 csv 模块来处理 CSV 文件。这个模块提供了一些方便的函数和类,可以轻松地读取和写入 CSV 文件。

(3)要读取 CSV 文件,我们可以使用 csv 模块中的 reader()函数。这个函数可以将 CSV 文件中的数据读取为一个二维列表,每一行作为一个子列表。我们可以使用 for 循环来遍历这个二维列表,然后对数据进行处理和分析。

(4)要写入 CSV 文件,我们可以使用 csv 模块中的 writer()函数。首先需要创建一个文件对象,并将其传递给 writer()函数,然后使用 writerow()函数逐行写入数据。

实训:生成销售报表

1. 实训目标

通过设计一个实训题目,学习如何使用 Python 中的 csv 模块进行文件的读写操作,并且掌握读取 CSV 文件和写入 CSV 文件的基本操作。

2. 需求说明

假设你是一家餐厅的管理者,需要根据顾客的订单信息来生成销售报表。现在有一个CSV文件，包含了顾客ID、订单日期和订单金额的信息。你需要编写Python代码，完成以下操作：

(1)读取CSV文件中的订单信息。

(2)计算每位顾客的订单总金额。

(3)根据订单总金额对顾客进行排序。

(4)将排序后的顾客信息写入一个新的CSV文件，包括顾客ID和订单总金额。

3. 实训步骤

(1)导入csv模块。

(2)打开CSV文件。

(3)读取CSV文件中的订单信息。

(4)计算每位顾客的订单总金额：创建一个空字典，用于存储每位顾客的订单总金额。遍历订单信息列表，对每位顾客ID进行累加订单金额的操作。

(5)根据订单总金额对顾客进行排序。

(6)创建一个新的CSV文件并写入顾客信息：使用csv模块的open()函数创建一个新的CSV文件，并创建一个CSV写入器对象；遍历排序后的顾客信息列表，将顾客ID和订单总金额写入CSV文件。

(7)关闭CSV文件。

习题

一、选择题

1. 在Python中，可以用于处理CSV文件的模块是(　　)。

A. json　　B. csv　　C. os　　D. requests

2. 下面可以用于从CSV文件中读取数据的函数是(　　)。

A. csv. reader()　　B. csv. writer()

C. csv. loader()　　D. csv. parser()

3. 在读写CSV文件时，需要指定的参数是(　　)。

A. 列分隔符　　B. 行分隔符

C. 文件路径　　D. 所有选项都需要指定

4. 将数据写入一个CSV文件的函数是(　　)。

A. csv. load()函数　　B. csv. writer()函数

C. csv. reader()函数　　D. csv. parse()函数

5. CSV文件中的数据都是以(　　)格式存储的。

A. JSON　　B. XML　　C. HTML　　D. 文本

6. 以下关于CSV文件说法正确的是(　　)。

A. 使用writer对象对CSV文件进行写操作后，不需要关闭文件

B. CSV文件主要用来存储表格数据

C. reader对象中的每个元素都是一个字符串，对应了CSV文件中的一行

D. 使用 Python 的 csv 模块，需要另外单独安装

7. Python 中，读入 CSV 文件保存的二维数据，按特定分隔符抽取信息，最可能用到的方法是（　　）。

A. split()　　　　B. format()

C. join()　　　　D. replace()

8. 假设 d:\\Python\score. csv 文件内容如下：

```
张三,80,90
李四,95,100
```

则执行以下代码后，变量 s 的值应该为（　　）。

```
import csv
s=0
with open("d:\\Python\\score.csv",'r') as txl:
    r=csv.reader(txl)
    for x in r:
    s=s+int(x[2])
```

A. 180　　B. 185　　C. 175　　D. 190

9. 关于 CSV 存储问题，以下选项中描述错误的是（　　）。

A. CSV 文件的每一行表示一条记录

B. CSV 文件的每行可以采用逗号分隔多个元素

C. CSV 文件不是存储二维数据的唯一方式

D. CSV 文件不能包含字段名

10. 使用 csv 模块写 CSV 文件时，下面描述不正确的是（　　）。

A. 需要创建一个 writer 对象

B. writer 对象的 writerow 方法可写入一行，且写入内容用列表存储

C. writer 对象的 writerows 方法可写入多行，写入内容为嵌套列表（或元组）

D. writer 对象的 writerow 方法写入时会生成空行，去掉空行的方法是打开文件时设置参数"newline='\n'"

二、判断题

1. CSV 文件是一种二进制文件格式。（　　）

2. 可以使用 Python 的"csv"库读取和写入 CSV 文件。（　　）

3. CSV 文件每行数据一般以逗号分隔。（　　）

4. CSV 文件只能存储数值型数据，无法存储字符串。（　　）

5. CSV 文件的扩展名是".csv"。（　　）

6. CSV 文件的每一行都是一维数据，因此它的每一行都可以用列表类型来表示。（　　）

7. CSV 文件本质上是文本文件，可以用记事本或者 Excel 打开。（　　）

8. 利用 csv. reader()函数读取的数据存储类型是列表。（　　）

9. CSV是用逗号分隔的纯文本形式存储表格数据的文件。(   )

10. CSV是指逗号分隔值,因此文件分隔符只能限定为逗号。(   )

三、编程题

编写一个程序,假设有一个名为“students.csv”的CSV文件,包含学生的姓名和年龄信息,以逗号分隔。请编写一个Python程序,实现以下功能:

(1)从文件中读取学生信息,并存储在一个字典列表中,每个字典代表一个学生,包含键值对‘name’和‘age’。

(2)在字典列表中添加一个新学生的信息,包括姓名和年龄。

(3)将更新后的学生信息写入文件中,覆盖原有内容,保持相同的格式。

参考文献

[1] 赵增敏,钱永涛,余晓霞. Python 程序设计微课版——从基础入门到实践应用[M]. 北京:电子工业出版社,2020.

[2] 黑马程序员. Python 快速编程入门[M]. 北京:人民邮电出版社,2021.

[3] 张治斌,张良均. Python 编程基础:微课版[M]. 北京:人民邮电出版社,2022.

[4] 未蓝文化. 零基础 Python 从入门到实践[M]. 北京:中国青年出版社,2021.